宋元元　祝宏琳　编著

科技绘图／科研论文图／论文配图
设计与创作自学手册
Maya+PSP篇

清华大学出版社

北京

内 容 简 介

本书围绕科技图像领域主流的三维制作软件——Maya的使用方法，进行全面讲解。针对需要提升自己科研论文图像质量的科技工作者，喜好科技图像设计的入门级学生，有一定设计基础的科技图像领域从业者，作者以从业多年的经验将软件按照科技领域图像的特征，从使用者的角度带领读者理解软件各个模块的使用方法。本书将软件功能介绍与图像设计方法融为一体，便于读者一边理解科技图像的创作一边学习软件功能。

全书共分9章。第1章着重介绍科技图像简介，科技图像创作的思路，以及常见的技术和方法，以及科技图像需要满足什么样的创作要点；第2～8章，按照Maya在科技领域常用的几个模块逐一拆分介绍，每个章节中侧重理解相应功能适用于解决哪种类型的问题，以应用带动理解，避免给读者带来技术文档式的记忆负担，让软件学习进入理解层面并快速掌握；第9章，通过几个Maya与合成软件PaintShop Pro结合使用的实例，将前面章节中讲解的Maya软件使用方法融会贯通，在系统的案例中将软件使用的细节增补完善。

本书可以作为高等院校平面设计、视觉设计专业学生的课外读物，还可以作为需要提升完善自己科研论文写作水平的科技工作者和研究人员的参考书。

图书在版编目（CIP）数据

科技绘图/科研论文图/论文配图设计与创作自学手册. Maya+PSP篇 / 宋元元，祝宏琳编著. -- 北京：清华大学出版社，2021.10

ISBN 978-7-302-58922-8

Ⅰ. ①科… Ⅱ. ①宋… ②祝… Ⅲ. ①三维动画软件—手册 Ⅳ. ①TP391.41-62

中国版本图书馆CIP数据核字(2021)第167062号

责任编辑：陈绿春
封面设计：潘国文
责任校对：胡伟民
责任印制：曹婉颖

出版发行：清华大学出版社

网　　　址：http://www.tup.com.cn，http://www.wqbook.com
地　　　址：北京清华大学学研大厦A座　　　　邮　编：100084
社 总 机：010-62770175　　　　邮　购：010-83470236
投稿与读者服务：010-62776969，c-service@tup.tsinghua.edu.cn
质量反馈：010-62772015，zhiliang@tup.tsinghua.edu.cn

印 装 者：小森印刷霸州有限公司
经　　销：全国新华书店
开　　本：188mm×260mm　　　印　张：13.75　　　字　数：400千字
版　　次：2021年11月第1版　　　印　次：2021年11月第1次印刷
定　　价：99.00元

产品编号：091921-01

序 1

对于科研工作者而言，在做出优秀科研成果的同时，将抽象、严肃的深奥知识，通过直观、形象的方式表现出来，找到有章可循的表达方式为自己的研究成果锦上添花十分重要，而科研图像就是这样一种表达方式。

随着计算机技术的飞速发展，越来越多的软件让设计和制作科研图像变得非常便利。本丛书为大家介绍了几种常用软件在绘制科研图像中的使用技巧及操作案例。

本书作者系统总结了自己十几年的科研绘图经验与心得，力求为更多的科技人员在科研绘图方面提供参照，实现作者一直坚持的信念——用唯美的艺术诠释科研。

本套丛书不完全是理论书，也不完全是工具书，而是将二者结合起来，介绍如何通过科技绘图讲好自己的科研故事，让更多的读者有兴趣了解自己的论文和科研成果。

书中文字精炼、修辞优美，配图饱含了对科学技术形象理性的解读。这些图片为抽象、晦涩的科学原理赋予了秩序与律动，让读者看到科学技术的艺术之美。

在意识形态上，科研工作者中不乏对艺术感兴趣的人，而且艺术本身也有其科学的一面，这是让科研人员将科技论文形象表达并制作出美感的原始动力。

在理论方法上，作者通过对美学研究的理论探索和对设计的丰富理解，列举了大量的实际案例，结合科研人员的习惯和所知所想，帮助科研人员对科技绘图设计进行更好的理解。

在操作技术上，通过与专业的软件公司合作，作者从初学者的角度出发，由浅入深、由易到难地介绍了 CoralDRAW、Maya、PSP 等几种软件的操作技术。

本丛书丰富的案例凝结了作者对科学与艺术之间关系的独到见解。作者的经验和对各类工具的熟练使用，不仅是对科研人员的科技绘图具有指导作用，对科技绘图行业从业者也有实际参考价值。

随着时代的发展，无论是项目申请、奖项申报，还是工作汇报，让更多的人，包括同行、评审专家、管理人员以及政府官员更加直观地了解科研工作的内涵，从而发挥基础科技更大的社会效应，是大势所趋，也是本书作者一直追求的目标。

本书既可以为专业设计人员提供参考，也可以帮助科研人员通过自学来讲好自己的研究故事，展示科技的魅力，让科学之光焕发艺术之美。

江桂斌

中国科学院院士

2021 年秋于北京

序 2

Corel 是最早进入图形图像领域的软件公司之一，也是世界顶级的软件公司之一。经过 30 多年的发展，公司的产品由原本单一的图形图像软件，逐渐延伸到更系统的软件解决方案，涉及矢量绘图与设计、数字自然绘画、数字影像、视频编辑、办公及文件管理、企业虚拟桌面、思维导图与可视化信息管理七大领域。

信息时代，软件已经成为重要的生产力，好的软件能够将工作化繁为简、化难为易，帮助各个行业提高工作效率，充分发挥劳动价值。好的软件生产者应该以优化软件性能、提高生产力为己任。

在 Corel 公司的软件产品中，CorelDRAW 和 Painter 分别是矢量绘图和数字自然绘画领域的标杆产品；WinZip 是世界上第一款基于图形界面的压缩工具软件；MindManager 是最早出现且应用范围最广的思维导图与可视化信息管理软件。

Corel 公司的软件在中国的应用领域非常广泛，随着软件版本的更新以及新软件类型的加入，原有教程已经无法满足使用者和学习者的需求，社会上对新版软件教程的出版呼声很高。为响应社会各界用户的需求，适应新时代发展的特点，Corel 公司中国区近几年一直在精心筹备新版教程的编写和出版工作。

任何一款软件，让它真正"亮剑出鞘"，不仅要认识它的基础功能，更要了解它在行业中的应用技巧和具有行业属性的思维逻辑模型。在 Corel 公司软件产品几十年的应用和发展中，在各行各业积累了大量的优质用户，Corel 专家委员会特地邀请了行业应用专家和业界高手来参与 Corel 官方标准教程的编写工作。他们不仅对软件本身有深入的了解，更具有多年的实践应用经验，使读者在系统掌握软件功能的同时，更能获得宝贵的实践经验和应用心得，让 Corel 系列软件为大家的工作和生活带来更大的价值。

本系列教程作为 Corel 官方认证培训计划下的标准教程，将覆盖 Corel 的主要应用软件，包括 CorelDRAW、Painter、会声会影、PSP、MindManager 等。

本系列教程具备系统、全面、软件技能与行业应用相结合的特点，必将成为优秀的行业应用工具及教育培训工具，希望能为软件应用和教育培训提供必要的帮助，也感谢广大用户多年来对 Corel 公司的支持。

本系列教程在策划和编写过程中，得到清华大学出版社的大力支持，在此深表谢意。

本系列教程虽经几次修改，但由于编者能力所限，不足之处在所难免，敬请专家读者批评指正。

张勇

Corel 公司中国区经理

2021.11

前　言

在科技图像设计领域，随着人们对图像认知与理解能力的提升，大家逐渐希望图像的表现不仅是简单的示意，还要具有超强的信息表达能力。在合成材料、微生物、细菌、病毒等结构的示意对科学原理的阐述非常重要的学科领域中，这种需求越来越强烈，导致三维软件越来越多地被应用在科技图像的绘制过程中。三维软件可以解决困扰大家的透视问题，且渲染和质感能给画面带来新的审美创意。Maya 是 Autodesk 公司出品的三维软件，其功能强大，完全可以胜任在科技图像设计领域的工作，因此，深受专业设计人员喜爱。本书围绕 Maya 软件的使用方法，进行全面介绍，具体特征如下。

本 书 特 征

1. 跳出软件讲软件

本书以 Maya 为基础，讲解三维软件的使用和操作思路。三维软件的操作流程一般会比较长，不同于二维软件执行一个指令获得一个结果的简易操作，三维软件在有些操作方面需要选择不同的指令组合，本书选择对初学者而言最容易理解的途径，解决每一个实际问题。

2. 配套视频教学

本书提供配套的教学视频，方便读者多维度理解软件与学习软件。

3. 循序渐进的学习方法

本书采用循序渐进的学习方法，将复杂任务拆分成小任务，通过一个个小案例、小目标，不知不觉地完成与软件的磨合。

4. 内容有针对性，重视经验

本书会将具有连贯性的指令放在一起学习，不仅讲述一个单独的指令功能是什么，对软件中与科技图像相关的指令做了比较全面而系统的讲解，对一些科技图像领域不常见的指令进行弱化处理或者跳过，以免太多信息干扰学习思路。

5. 深入浅出，强化理解

科技图像与传统的艺术创作有很多差异，书中结合软件教学，穿插科技图像设计与制作的思路与方法，对于初学者和从业者均有很好的帮助。对于有一定软件操作基础的设计师，学习本书可以帮助其准确把握科技图像创作领域的发展方向。

6. 一线设计师团队撰写，经验技巧尽在其中

本书由科技图像专家宋元元、祝宏琳带领来自创作一线的设计师团队编写，书中采用的技术路线与案例分析均来自于设计一线的实战作品，内容详尽，撰写风格贴近实战所需。

参与本书编写的还包括王汝勤，常雷，董钰涛，张晋，孙阳洋。

资 源 下 载

本书的配套资源请用微信扫描下面的二维码进行下载，本书超值赠送科技绘图领域的各类资源共七大类别，容量超过 45GB，请用微信扫描下面的二维码进行下载，如果在下载过程中碰到问题，请联系陈老师，联系邮箱 chenlch@tup.tsinghua.edu.cn。

如果有技术性的问题，请用微信扫描下面的技术支持二维码，联系相关的技术人员进行解决。

本书配套资源

超值赠送素材

技术支持

作者

2021 年 7 月

目 录

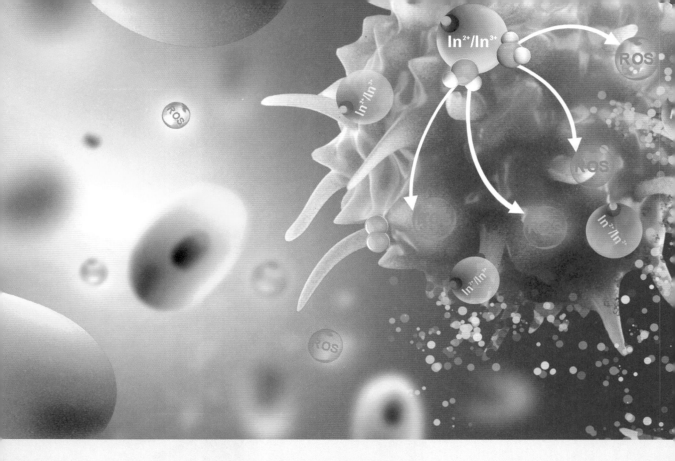

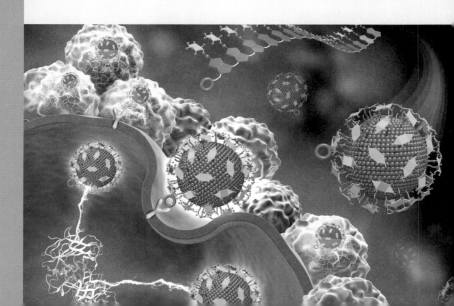

第1章
科技图像

科技图像是近些年集中出现在科学研究领域的特殊图形图像。科技图像具有艺术性，其深深植根于科学家研究的科学领域；科技图像具有功能性，其在科学家进行学术交流时像蝴蝶一样"美丽"地传递着信息。科技图像是科学的艺术，也是科学界的颜值担当。

在讲解图像之前，先说说科学研究，科学家会对身边万事万物抱有好奇心并进行不断探索，在每个历史时期都有一些科学家，在对自然界的花花草草进行深入研究之后，留下自己不同寻常的关注点和结论。例如植物学家和医学家对同样一种植物的关注点不同，反映在文字记录和图像记录上就完全不同。在历史长河中，用文字配合图像来记录、传承科学研究结论的事情屡见不鲜，其中也不乏一些天赋极高的科学家记录描绘的图像也可以作为艺术品带给人视觉的触动，如达·芬奇。

在工业时代之后，随着各种技术手段的发展，科学研究不仅限于肉眼可见的事物，科学家在各种显微镜、望远镜的协助下，已经可以看得更远，直至外太空，看得更深入，直至人体和动植物的细胞内部，看得更微观，直至微米、纳米的世界。科学家的视野已经远超大众的视野，他们讲述的故事也已经脱离了生活逻辑，这个时期采用最多的记录方式是文字和符号，如图 1–1 所示。

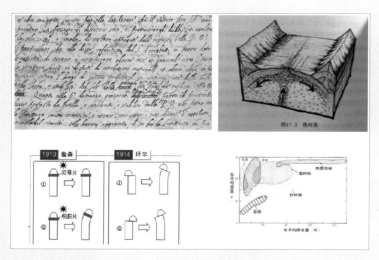

图1-1

随着计算机技术的飞速发展，当代科学研究的表现方式与交流方式也得到了快速发展，网络信息的交流也加速了传统信息的交互速度，科学家不仅可以快速阅读，获得其他科学家研究的成果信息，也能快速将自己的研究成果推广出去，得到更多人的关注，如图 1–2 所示。

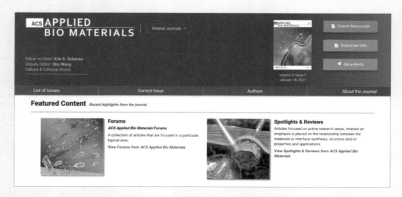

图1-2

计算机图像学在虚拟技术方面的优势，让艺术家得到了很多原来不可实现的画面，这也为科学家带来了重现微观世界的契机，为科学家阐述原本不可见的原理性的科学内容带来了可行性条件，逐渐形成了较为专业化的“科技图像”这一表现形式。

互联网为各行各业带来了信息交流的便利性，只需要在搜索引擎中输入关键词，即可获得各种不同时期、不同风格的图像，这些图像可以在课堂上为学生答疑解惑，在会议讨论中用作参考，但是这些图像要与某个特定的科研观点精准匹配，总归是欠缺的。

科技图像的定位是与科技论文精准匹配，且能更好地阐述科技论文中作者的表现意图，能为作者弥补语言表现欠缺的图像。科技图像需要用更高的表达技巧，更高的效率给出科研结论，将科学研究大段文字描述和数据信息汇总在一张图像中，用图像的手段将科研论文关注的结构点、特殊关系属性表现出来。

根据科技图像这一特性，在科学研究领域逐渐形成了以下几种图像使用方法。

1. 图像摘要（TOC）

文字摘要是用一段文字总结全文的重点，在电子信息时代的互联网平台中，屏幕阅读和纸面阅读的感受是完全不同的，在屏幕上仅用文字来总结科学论文的亮点和重点，不如图像和文字同时展示对全文内容的概况效率高，如图 1–3 所示。

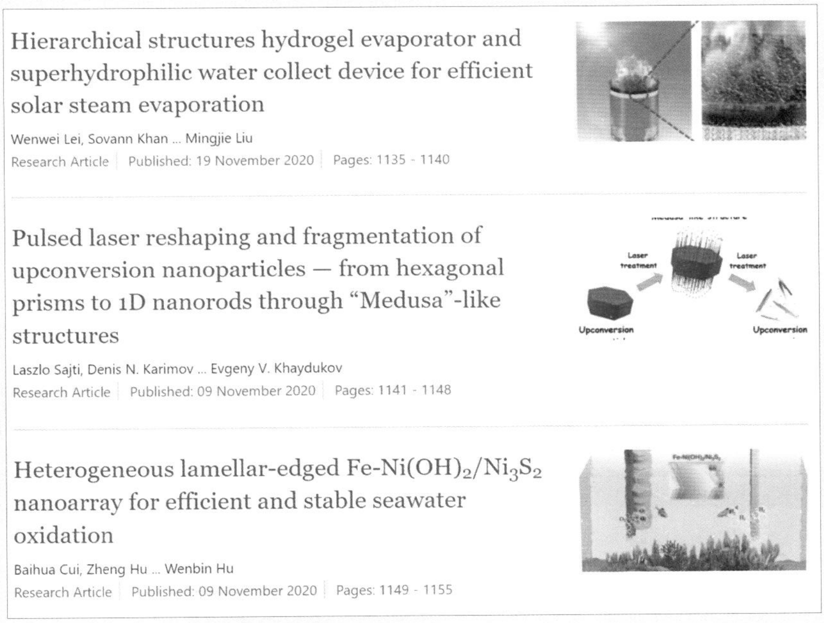
Hierarchical structures hydrogel evaporator and superhydrophilic water collect device for efficient solar steam evaporation

Wenwei Lei, Sovann Khan ... Mingjie Liu

Research Article | Published: 19 November 2020 | Pages: 1135 - 1140

Pulsed laser reshaping and fragmentation of upconversion nanoparticles — from hexagonal prisms to 1D nanorods through “Medusa”-like structures

Laszlo Sajti, Denis N. Karimov ... Evgeny V. Khaydukov

Research Article | Published: 09 November 2020 | Pages: 1141 - 1148

Heterogeneous lamellar-edged Fe-Ni$(OH)_2$/Ni_3S_2 nanoarray for efficient and stable seawater oxidation

Baihua Cui, Zheng Hu ... Wenbin Hu

Research Article | Published: 09 November 2020 | Pages: 1149 - 1155

图1–3

2. 论文首图（Scheme/Figure1）

论文首图就是论文开篇用的第一幅图，其经常用来阐述全文研究思路或者全文技术路线，论文首图和图像摘要的区分度从画面风格到内容都不太大，在有些刊物中，两种图可以交替混用；而在有些刊物中，要求图像摘要单独提炼，形成一张比论文首图的呈现目标更概括、浓缩的图像，将更加详细的技术路线放在论文首图中展示，图像摘要只聚焦结论点，如图 1–4 所示。

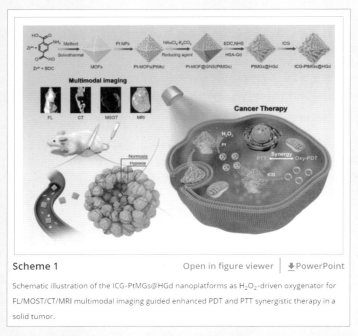

Scheme 1   Open in figure viewer | ⬇PowerPoint

Schematic illustration of the ICG-PtMGs@HGd nanoplatforms as H_2O_2-driven oxygenator for FL/MOST/CT/MRI multimodal imaging guided enhanced PDT and PTT synergistic therapy in a solid tumor.

图1-4

3. 期刊封面（Cover）

期刊封面是真正带着科学研究领域的信息展翅飞向艺术领域的图像，与前两种图像不同，期刊封面不是每篇文章必备的，它是在一期投稿文章中筛选稿件质量高且观点独到的论文，邀请作者提供一张足够亮眼的图像作为期刊封面图。期刊封面图像在承载科学信息的同时，需要具有更强的艺术吸引力和视觉冲击力，期刊封面图是与科学论文一起共同参与竞争的，所以与当前论文的科研亮点紧密结合的科学性必不可少，而艺术性则是吸引更多读者关注的关键点，如图 1-5 所示。

图1-5

2.1 科技图像的技术实施路线图

计算机图像领域起源于影视动画，虚拟的创作方式解放了传统创作对创作者过高的技术桎梏。在传统创作方式中，版画、油画、水彩、水粉、国画等创作领域，创作者要完成的图像结构需要极其熟练的技法，否则一笔失误可能导致前功尽弃。在计算机中完成多媒体图像的创作，解决了结构立体问题、光影问题、风格多样等问题，并且最大限度地解决了反复修改的问题，可以撤销的可能性为具有实验属性的科学类图像提供了修正、磨合、调整的便利性。

1.2.1 图像摘要和论文首图的技术路线

延续前文的分类，先来看看图像摘要和论文首图的技术路线，如图 1-6 所示。首先需要梳理创作图像的思路，按照规划好的结构进入软件开始制作素材，无论是三维图像素材还是二维图像素材，制作完成之后，都要将素材以背景透明的 PNG 格式保存，再进入二维平面软件中完成合成工作，将一个个单体图元排布好彼此的相对位置，增加箭头和标注文字，这样一个初步的图稿就成型了。如果在操作过程中产生了新的想法，例如，在绘制多孔结构的时候，发现孔道排布完全按照科学的数据绘制，画面效果不好，结构剥离的效果看起来不明显等，这些都不要一边绘制一边改，这样很容易陷入细节，让图像永远处于半成品状态，逐渐对图像的全貌失去控制。

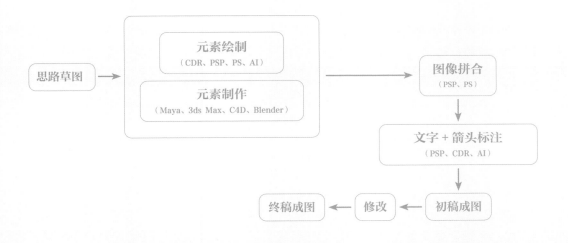

Photoshop（简称PS）和Paint Shop Pro（简称PSP）都是位图处理软件，用于处理图像合成、色彩修正、光影修正，效果很好。在科技图像中文字和箭头标注是必不可少的，甚至是图像重要的组成部分，虽然位图处理软件中也拥有箭头和文字标注功能，但是使用矢量绘图软件CorelDraw（简称CDR）和Illustrator（AI）中的标注功能，会让文字和箭头看起来更精细，最终印刷效果也更好。

图1-6

1.2.2 期刊封面的技术路线

期刊封面的设计更接近艺术领域的思路，画面的空间、气氛、意境比画面上的结构准确度更重要。

在封面图设计中，即使不需要体现完整的科研思路，也要在着手绘制元素之前，将完整的思路整理清楚，然后再明确聚焦点，如图 1-7 所示。

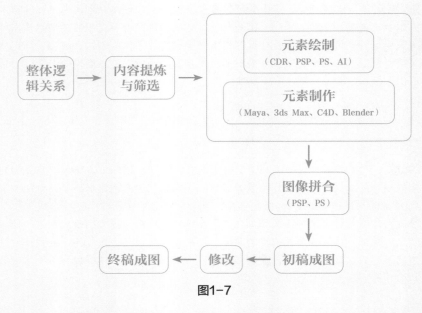

图1-7

作为期刊封面图，创意性和趣味性是更重要的部分，如图 1-8 所示为某期刊封面图的提交指南（要求）。

Cover Submission Guidelines

All authors are welcome to submit ideas for the cover. Although the submission may be based on or resemble the figures in the article, your images should be both artistic and informative. Feel free to submit several different images for consideration; we like to have as many images as possible to choose from when making our cover selection. The Editor chooses mostly on the basis of the aesthetic quality of the image, as Trends covers follow a more abstract style than primary research journals. Please try to make your submissions interesting and creative, and consider the following when submitting files:

• Images that look like simple reproductions of figures from the journal will most likely not be selected for the cover.

• We must have the permission of the copyright holder of any copyrighted images.

• If you use the cover image template below to help create your images, do not flatten the layers; consider how the journal's logo and headline will affect the cover layout.

图1-8

1.3 三维软件在科技图像中的重要性

在数字艺术领域，Maya、3ds Max、C4D、Blender 等三维软件已经在广告设计、建筑设计、影视动画领域取得了不凡的成就，让设计师的创意得以轻松实现。在科技图像领域，三维软件同样有很好的表现，Maya 的模型、材质、流体特效技术让很多原本在微观世界存在的现象、不容易用语言阐述清楚的结构可以被虚拟构建出来，也可以让一些理论推测结构也可以被虚拟呈现出来。

首先，计算机三维图像的发展让绘画从技巧练习中解放出来，不需要再进行大量的素描速写、临摹造型训练，也能进行创作。

三维软件的空间构建方式也在一定程度上避免了绘画基础训练造成的空间透视问题，避开绘画层面的技术壁垒，直接跳转到内容。操作者只需要关注内容、结构是否正确，是否是自己需要表述的内容，这一点对科学领域尤其重要。科学创作的纳微观世界、纳米球的构成方式，可能是用电镜提供的微观的不甚详细的形态，也有可能是并没有真实可见的理论模型，将这些结构用计算机三维图像技术搭建出来，符合表述的需求之后，再用图像的构成方式形成画面，如图1-9所示。在这个过程中，软件自身的空间属性让结构本身足够立体，软件提供的视角，让结构可以从最有利的角度被观察、被呈现。

图1-9

其次，计算机三维图像为结构赋予了丰富可变的质感。

在现实生活中，玻璃和塑料是两种完全不同的物质，它的物理属性对光的反应不同，眼睛很容易区分判断。在三维虚拟世界中，亮晶晶的玻璃和雾蒙蒙塑料之间只有参数的区别，当参数发生变化时，材质属性会发生变化。在审美的潜意识中，价值感是隐隐作祟的，水晶、金银等在生活中价值高的物质对象，比塑料看起来要高级，这种潜意识的高级感决定了材质在科技图像中的地位。在同样构图、同样结构的情况下，质感的差异可以给视觉造成完全不同的感受，如图1-10所示。在科技图像这个看似规则很多的命题创作中，空间和质感是艺术创作的最大灵活度。

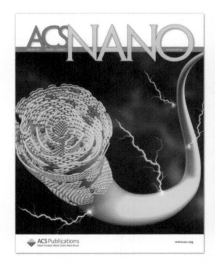

图1-10

第三, 计算机三维图像让光影效果更富有变化。

图1-11

在其他创作手段中, 光和影大多由色彩来体现, 而色彩又需要对结构与配色有精湛的熟练度。在三维软件中, 光影的效果可以用类似真实世界的光照、环境光来实现, 用光来增加质感效果只需要选择不同的环境贴图。改变灯光摆放的位置, 软件就可以自动计算光影, 距离灯光远的结构受光弱, 距离灯光近的结构受光强, 以及灯光在不同位置时应该投射的阴影。为虚拟结构增补光影是最后让结构具有真实空间感的手段, 这种既有真实感又有一定玄幻感的空间, 可以让观看者产生审美的愉悦感, 如图1-11所示。

第四, 计算机三维图像让修改变得更容易。

在艺术创作过程中, 大家的第一印象会觉得创意构思很重要, 但实际上, 在整个图像创作的过程中, 修改是占据很大比重的工作。无论是封面图还是图像摘要图, 修改占据的比重都要引起重视, 选择什么软件, 在软件中选择哪种方式来构建图像, 都需要考虑后续修改的问题。如图 1-12 所示, 在研究如何更好呈现研究点的时候, 可能会对结构形态、疏密度等反复尝试, 寻找较好的表现方式。

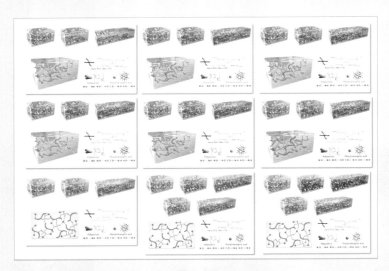

图1-12

科技图像是容纳了一半科研内容和一半艺术效果的图像, 在科研内容的呈现上可能要修改的点来自方方面面, 如结构变化、视角变化、风格变化等, 这些抉择和调整会在科研绘图的整个过程中穿插。

在学习软件的过程中, 好看、酷炫是学习的目的之一, 实用、方便、功能性是在科技图像领域需要特别考虑的。

第2章
Maya软件基础知识

Maya 是 Autodesk 公司开发的主流三维动画软件之一，其功能强大，综合性强，可以应对不同领域艺术创作者在创作中的需求，在三维动画软件界一直处于不可小觑的地位。Maya 的优点是模块清晰，很多指令都可以按照喜好设定参数；缺点也恰恰是指令嵌套层次太多，对初学者而言，难以深入。本书讲述Maya 时，按照科技图像领域常用的模块化分类进行各个击破，对于不常用的指令弱化或跳过，对软件中具有同样功能但是有多种实现方法的指令选择精通其中一项，等学到融会贯通的时候再去了解其特殊性。

2.1 软件界面与基础配置信息

在启动 Maya 软件后，可以看到如图 2-1 所示的软件主界面。因为 Maya 是功能强大且系统繁杂的软件，所以在学习过程中要多注意思路，避免被繁杂的命令和指令困住，本节先按照大类来梳理 Maya 软件的功能分布。

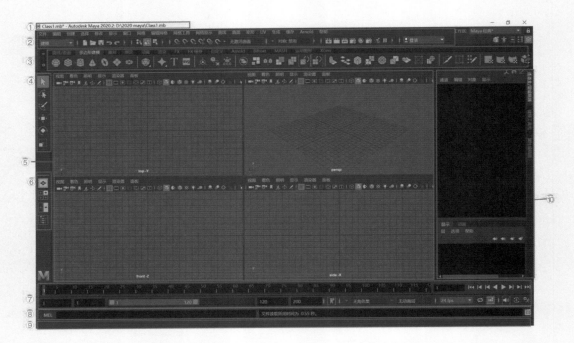

①标题栏；②菜单区；③工具架；④工具箱；⑤操作视图；⑥窗口快速切换区；⑦动画播放区；
⑧mel命令提示行；⑨帮助提示区；⑩通道盒及属性编辑器

图2-1

下面简单了解各个分区的常用功能和使用方法。

1. 标题栏

在软件顶部的标题栏中，可以看到当前软件的版本信息、文件在计算机中的存储路径和场景中所选对象的名称等，如图 2-2 所示。

图2-2

2. 菜单区

软件的主要功能都放置在菜单区，与其他软件不同，Maya 的菜单区会随着模块切换而发生变化。

Maya 的菜单分为两部分，前半部分是固定菜单区，后半部分是功能模块菜单区。软件默认进入的是"建模"模块，顶部对应的是建模相关的菜单。随着功能模块的切换，如切换到"动画"模块，固定菜单区不会发生变化，而功能模块菜单区会切换为与动画相关的菜单，如图 2-3 所示。

图2-3

3. 工具架

工具架将各个模块中常用的功能命令以形象的图标形式陈列其中，便于快速选用，如图 2-4 所示。工具架用选项卡将各种功能模块区分存放，如在"多边形建模"选项卡中，设置的是多边形建模相关工具和常用修改工具等，工具架不受功能模块切换的影响，要改变工具架中的工具，需要手动单击对应的选项卡，并进行切换。

图2-4

4. 工具箱

与常见的二维软件工具箱相比，这里的工具少很多。在 Maya 中，大多数工具都被分类放置在顶部的工具架中，左侧的工具箱，主要放置的是对元素调整的工具，如选择、位移、缩放等。这几个工具在任何场景模式的任意视窗中都可以使用，如图 2-5 所示。

5. 操作视图

在二维软件中，工作模式是画布式的平面绘制方式；而在三维软件中，空间雕塑式的操作让结构的塑造更贴合现实生活中真实存在的物体，设计师在制作模型时只需要考虑还原真实世界的结构，不需要担心透视和视角差异。Maya 软件操作区是由 3 个正交视图——顶视图、侧视图、前视图和一个透视图组成的，在透视图中可以 360°观察并调整结构，在正交视图中可以确定位移的准确性，如图 2-6 所示。

图2-5

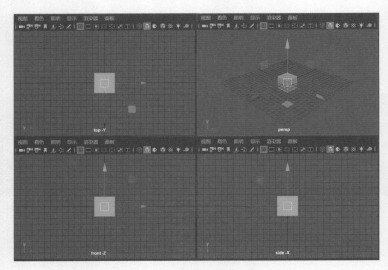

图2-6

6. 窗口快速切换区

　　工具箱下方对应的窗口快速切换区用来切换操作空间的视图，如图2-7所示，软件默认视图状态为四视图，其优点是可以从不同角度观察结构。在绘图过程中，经常会选择一个视图作为操作主视图，此时，四视图状态会导致主视图中的图像太小，可以将主视图切换为更大的显示状态，或者切换成双视图。在窗口快速切换区可以单击对应的快捷图标，快速切换视图的排布状态。

单视图显示
（特指透视图）

四视图显示

双视图显示
（前视图+透视图）

大纲视图

图2-7

7. 动画播放区

　　当场景中设置了关键帧动画时，动画播放区中的控件可以用来播放动画、判断动画关键帧所在位置，以及调整动画关键帧，如图2-8所示。

动画关键帧　　　　　　　　　　　　　　　　　　　　　　　　动画播放控制

图2-8

💡 提示

　　当场景中设置了特效时，如布料和流体，会随之产生动画，需要在动画播放区中单击"播放"按钮，才能看到动画效果。

8. mel 命令提示行

Maya 是一款可编程、可二次开发的软件，mel 是 Maya 内置的编程语言，在命令行中输入相应的代码，可以实现特定的动画效果，如图 2-9 所示。

图2-9

9. 帮助提示区

在 Maya 中选中相关工具时，将鼠标指针停放在某个按钮上，会出现简单的功能介绍文字，界面底部的帮助提示区也会给出相关的操作提示或者功能介绍，如图 2-10 所示。

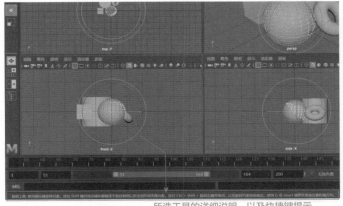

所选工具的详细说明，以及快捷键提示

图2-10

10. 通道盒及属性编辑器

在右侧的通道盒会提供当前选中对象的位置、缩放比例及图层信息等。在通道盒附近还有属性编辑器，其提供当前场景中选中对象更加详尽的属性信息，便于操作中进行细节参数调整。通道盒和属性编辑器不会默认展开，需要通过按快捷键或单击快捷图标调出，如图 2-11 所示。

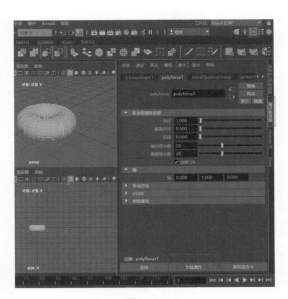

图2-11

2.2　三维空间中的工作模式

1. 基于摄像机的视角

在 Maya 中没有画布的概念，像真实的世界一样，每个立体的结构、每个能看到结构的视图都是以一台摄像机的形式存在的的。在视图中构建画面就好比在摄像机镜头后面看画面一样，而渲染就像摄像机对准某个场景拍摄记录下来的瞬间画面。

场景中默认的 4 个视图，如同 4 台被固定的摄像机拍摄的画面，在工作过程中可以在场景中创建多台摄像机，产生各种不同的拍摄角度，如图 2-12 所示。在不同位置放置的摄像机看到的内容不同，且画面中的光照也会随之变化。

图2-12

2. 切换摄像机视角

方法一：在视图菜单中，"面板" | "透视" 子菜单中会出现新创建的摄像机名称，选中摄像机名称选项可将该视图切换为选中摄像机的视角，如图 2-13 所示。

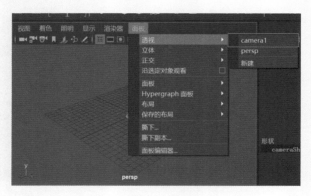

图2-13

科技绘图科研论文图/论文配图设计与创作自学手册：Maya+PSP 篇

方法二：当场景中摄像机较多时，可以采用另一种更便捷的方法选择适当的摄像机视角。在场景中单击要使用的摄像机，使该摄像机处于选中状态，如图2-14所示，在视图菜单中，选择"面板"|"沿选定对象观看"命令，直接进入选中摄像机的视角。

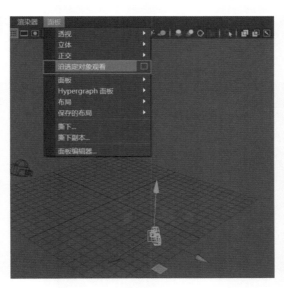

图2-14

2.2.2 摄像机视图中的运动变化

进入任意一个摄像机视图后，在视图中调整观察点，但不移动场景中的结构对象，只是调整观察者视角的靠近与远离，或者旋转视角来观察物体，可以给操作者一种真实环境中的操纵感，这是三维软件独有的特性，也是三维软件受到大家喜欢的原因之一。

Maya中控制画面视图需要用键盘配合鼠标同时操作，具体的操作方法如图2-15所示。

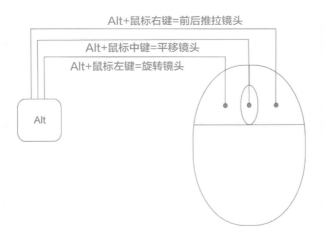

图2-15

1. 旋转视图

按住 Alt 键，同时按下鼠标左键，在透视图中拖动可以调整当前摄像机的角度，如图 2-16 所示。

提示

Alt+鼠标左键只能在透视图中操作，正交摄像机的旋转轴被锁定，不能进行旋转。

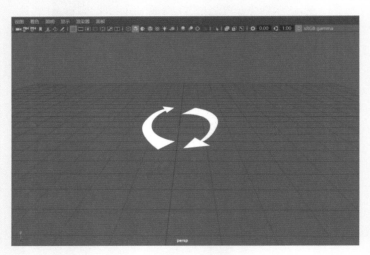

图2-16

2. 平移视图

按住 Alt 键，同时按鼠标中键拖曳视图，可以在视图内进行摄像机的横向与纵向平移，如图 2-17 所示。

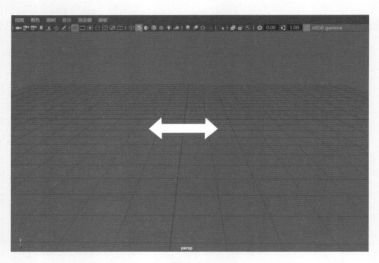

图2-17

3. 推拉视图

按住 Alt 键，同时按鼠标右键，在工作区内拖曳可以产生类似推近或拉远镜头的效果。鼠标由左向右拖曳为推近镜头，视图放大；反之，鼠标由右向左拖曳为拉远镜头，视图缩小，如图 2-18 所示。

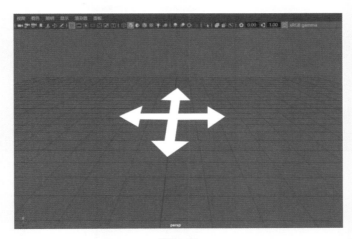

图2-18

💡提示

　　镜头变化只是改变观察点，并不会改变模型本身所在的位置，更不会改变模型的状态，要改变模型的结构，需要位移、旋转和缩放模型。

2.2.3　控制结构对象

　　在实际操作中，对结构对象的修改与调整是模型构建过程中常用的方法，虚拟的三维空间虽然消除了透视关系，但是在空间中对结构的位移方法再配合摄像机镜头的变化是需要多加练习的。

1. 位移调整

　　在工具箱中选中"位移"工具 ，此时当选对象周围出现 3 个箭头，分别指向 x 轴、y 轴、z 轴，两个箭头之间有彩色平面，表示两个轴向之间的面位移，如图 2-19 所示。

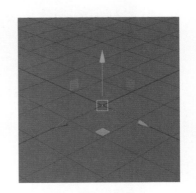

图2-19

　　x 轴、y 轴、z 轴默认显示为红色、绿色、蓝色，当单击选中任何一个箭头时，该箭头会变成黄色的激活状态，如图 2-20 所示。

选中两个箭头之间的彩色平面时，被激活平面也会变成黄色，如图 2-21 所示。

图2-20

图2-21

用鼠标左键单击并按住激活轴向，在空间中拖曳到相应的位置后，再释放鼠标按键，即可完成位移操作。

按W键，可快速切换到"位移"工具。

2. 旋转调整

在工具箱中选中"旋转"工具 ，该工具除了用红、绿、蓝 3 色圆圈来代表 3 个旋转轴向，最外层还有一个任意旋转的控制器，拖曳它可以旋转任意角度而不受轴向约束，如图 2-22 所示。

与位移操作相同，单击激活的轴向呈黄色高亮显示，如图 2-23 所示，单击并按住激活的轴向，拖曳鼠标，旋转到目标角度后释放鼠标按键完成旋转操作。

图2-22

图2-23

按E键，可快速切换到"旋转"工具。

3. 缩放调整

选中工具箱中的"缩放"工具 ，缩放控制器与位移控制器相似，缩放控制器的 3 个轴向分别表示

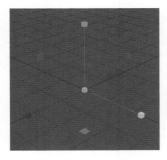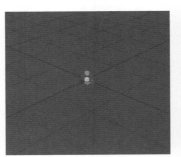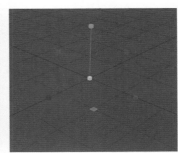

沿轴向缩放，如图 2-24 所示。缩放控制器中心的浅蓝色调整块表示等比例缩放，单击激活该调整块，并按住鼠标拖曳时，3 个轴向同时等比例缩放，如图 2-25 所示。

图2-24　　　　　　　　　　　　　　图2-25

> 提示
>
> 按R键，可快速切换到"缩放"工具。

> 提示
>
> 位移、旋转、缩放对点、线、面、体块都有同样的调整作用，是Maya的基础工具。

4. 调整控制轴的大小

无论控制轴处于位移、旋转还是缩放状态，按 + 或 – 键，可以改变控制轴的显示大小，如图 2-26 所示。

图2-26

5. 世界坐标轴与对象坐标轴

在 Maya 场景中调整结构对象时，需要有标准的坐标轴参照系，才能让结构对象上的每个点、面在符合规则的情况下进行准确调整。

世界坐标轴：用整个场景的统一方向来规定 x 轴、y 轴、z 轴，世界坐标轴对于每个独立的结构个体调整位置是比较准确的。

对象坐标轴：对象坐标轴是基于对象结构的 x 轴、y 轴、z 轴，以对象本身为基准设定的轴向。双击

"位移"工具按钮,在弹出的"工具设置"对话框中,单击"轴方向"选项对应的小三角图标,在弹出的菜单中选择"对象"选项,将坐标轴切换到对象坐标轴,如图 2-27 所示。

图2-27

对象坐标轴在对模型的点、线、面进行调整时,把握方向会更方便。

2.2.4 编辑场景中的对象

三维软件中的结构对象具有无限的可塑性,除了可以改变位置和比例,场景中的任何对象均可以从对象的点、线、面等多个角度进行调整。在本书第 3 章的 Polygons 多边形和第 4 章的 NURBS 建模中可以详细了解具体的调整方法,在此只需要初步理解三维模型的构成方式即可。

1. 点编辑

点编辑是通过调整结构对象上的控制柄来改变模型的形态,如图 2-28 所示。点编辑可以选择单个控制柄、框选多个控制柄进行调整,也可以通过增加点、删除点、合并点来获得不同的结构。

单击"建模工具包"中的"点编辑"按钮■,将选择状态切换为"点选择"。在该状态下,选中场景中的任何一个结构对象,都只能选到结构上的点,位移调整也是针对点的状态进行调整的。

2. 边线编辑

边线编辑通过调整结构对象上的边线来改变模型的形态,如图 2-29 所示。

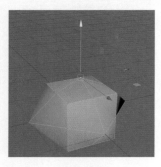

图2-28

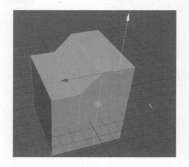

图2-29

边线编辑可以选择单条边线、多条边线、轮廓边线等进行调整。在"建模工具包"中，切换到"线编辑"◇状态，在对象上单击可以选择结构上的边线。

3. 面编辑

面编辑可以通过调整单个面、多个面的位置来改变模型结构，获得想要的结构形态，如图 2-30 所示。

切换到"面编辑"■状态，可以选中对象的面，只有切换到"对象"状态才能选中场景中的整体结构。

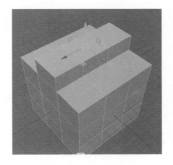

图2-30

4. 建模工具包

"建模工具包"中详尽列出点、线、面的选择切换控件，以应对操作过程中各种复杂的调整需求。同时"建模工具包"中还将"网格"和"编辑网格"菜单中常用的模型编辑命令，以快捷图标的方式集成在一起，以方便选用，如图 2-31 所示。

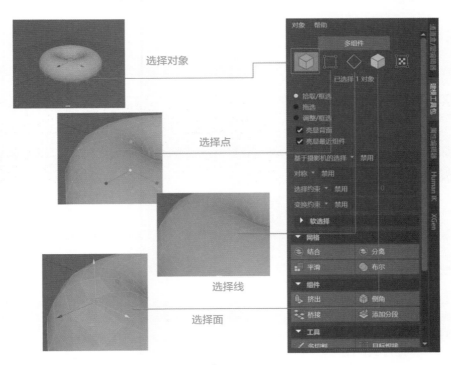

图2-31

5. 快速切换选择状态

在软件界面顶部可以通过单击快捷按钮，在结构对象和点、线、面组件之间进行快速切换，如图 2-32 所示。

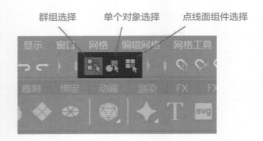

图2-32

2.3 Maya 菜单的特殊性

在进入 Maya 软件界面后，映入眼帘的菜单与快捷图标数量众多，首先来看 Maya 菜单的几个特殊之处。菜单中的各项功能在后续讲解过程中结合实例与操作学习，会更有助于理解。

2.3.1 随模块变化的顶部菜单

在前文中提到过 Maya 的菜单会随模块切换而发生变化，并不是一成不变的。在学习过程中如果发现书中截图的菜单位置与自己计算机中的菜单位置不同时，则需要查看是否切换了模块，如图 2-33 所示。

图2-33

2.3.2 变化多端的快捷菜单

很多软件使用快捷菜单来提供一些指令的快捷操作方式，Maya 的快捷菜单也有类似的作用。需要提醒的是，在右击弹出的 Maya 快捷菜单时，如果配合键盘上的功能键会出现不同的菜单，当鼠标指针在场景中单独右击时，会出现点、线、面快速切换，以及与选择相关的快捷菜单，如图 2-34 所示；在场景中选中任何一个对象、点、线、面时，按住 Ctrl 键并右击，会弹出基于当前选择的延伸性菜单；按住 Shift 键的同时右击，会出现更具有扩展性的切割变形菜单。

快捷菜单中的命令和主菜单、工具架、建模工具包中的命令有重叠和交叉，在使用过程中可以按照自己的习惯选择使用快捷菜单或者其他方式。

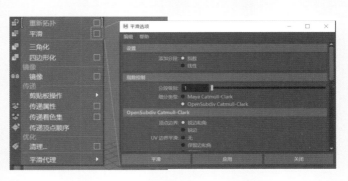

图2-34

2.3.3 菜单中隐藏的小方块和小三角图标

在 Maya 菜单中可以看到有些命令后面会带小三角图标▶，有的后面会带小方块图标◻，如图 2-35 所示。

菜单中的小三角图标提示有次级菜单，当鼠标指针移到带小三角的命令上，菜单会向右侧进一步展开；小方块则代表该命令具有可调整的属性，在执行该命令之前，先单击小方块图标，弹出设置参数的窗口，如图 2-36 所示。当更改参数后，再执行该命令，会按照窗口中预设的参数执行该命令，预设数值不同，执行的效果也会不同。

图2-35   图2-36

在 Maya 的 4 个视图中，每个视图顶部都有菜单栏和一组快捷图标，如图 2-37 所示。

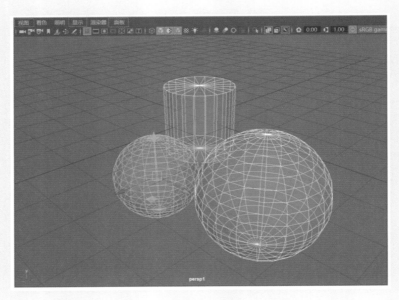

图2-37

　　视图菜单的功能主要是调整当前视图的显示状态，不会影响场景中的结构，也不会影响其他摄像机视图，正交视图和透视图中的菜单和图标都是相同的。

2.4　通道盒及属性编辑器

　　Maya 软件右侧的属性区主要包括通道盒、属性编辑器、建模工具包等，用于调整场景对象的各种参数，如图 2-38 所示。

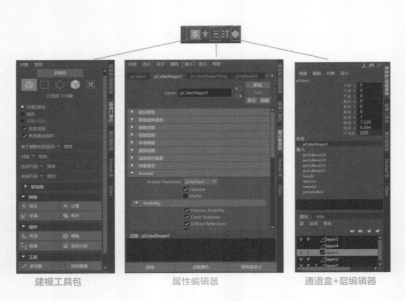

建模工具包　　　　　　属性编辑器　　　　　　通道盒+层编辑器

图2-38

2.4.1 属性编辑器

在属性编辑器中详细列出了与当前选中对象相关的各级属性的参数选项卡,当针对结构对象不断进行操作时,属性编辑器中的选项卡会越来越多。在属性编辑器中单击箭头图标 ◄ ▶,可以向左或向右翻找选项卡。

2.4.2 通道盒

通道盒通常分为两部分,一部分是对象在场景中的相对参数,如位移、比例、旋转等;另一部分是对象获得额外编辑或者功能叠加后可以调整的参数,如对模型对象光滑后的光滑参数、对模型增加线性变形器后的线性工具参数。

2.4.3 层编辑器

层编辑器与通道盒在同一面板中,图层管理是图像软件中很重要的组成部分,设计工作中需要用图层将元素分组、分类管理,是模型对象管理的重要辅助工具,如图2-39所示。

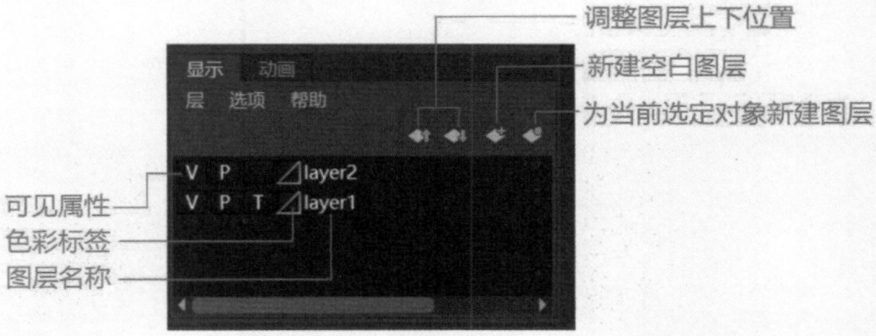

图2-39

第3章
虚拟结构

科技图像主要用来展现微观世界，在微观世界中不太会出现科幻电影中幻化出来的精灵、怪兽，但会有
大量的颗粒、碎片等。在学习绘制科技图像的过程中，可以先通过基础单元的学习逐渐熟悉软件的功能，
再进入复杂程度更高的模型雕铸环节。

3.1 多边形建模

3.1.1 多边形的概念

多边形（Polygons）是三维模型构建的基础，是由顶点和边定义的立体模型，顶点构建面，面构成体积模型。在模型上构建的细节是由增加的点、线逐渐刻画出越来越多的细节结构。多边形建模的过程与雕塑艺术家做雕塑的过程相似，先雕刻出大体的轮廓，再逐渐深入刻画细节，同时尽可能地保持用最简单的面来构建模型，不要将模型"切"得过于细碎。

模型是由切面构成的，随着切面数量逐渐增多，模型的圆滑程度逐渐提高，如图 3-1 所示。为了不给计算机系统增加负担，在构建模型时尽量用细分度较低的粗模，在最终渲染时用高细分度的精模。

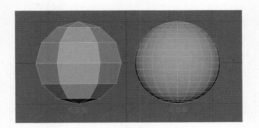

图3-1

💡提示

在选中模型的状态下，按1键为低模显示模式，按3键为高模显示模式，按4键为网格显示模式，按5键为实体显示模式，按6键为纹理显示模式，按7键为带灯光显示模式。

3.1.2 创建多边形基本体

在建模模块中，Maya 为多边形设置了多种基本元素。在"创建"|"多边形基本体"子菜单中，可以看到"球体""立方体""圆柱体"等命令，如图 3-2 所示，执行相应的命令即可在视图中创建相应的多边形基本体。

图3-2

多边形基本体的其他创建方法如下。

1. 工具架创建

除在菜单栏中执行相应命令创建基本体外，在工具架中单击"多边形建模"选项卡，在其中单击对应的图标，也可以创建多边形基本体，如图3-3所示。

2. 快捷菜单创建

在视图中不选中任何结构的状态下，按住 Shift 键并右击，在弹出的快捷菜单中，选择相应的基本体命令，也可以创建多边形基本体，如图3-4所示。

图3-3   图3-4

3.2 实例：钙钛矿的常用结构

创建多边形基本体后，还需要对其参数进行修改，在这个环节中需要熟悉两个关键工具——通道盒与建模工具包。本节通过一个实例讲述通道盒对模型的管理与控制技法。

步骤1：选择"创建"|"多边形基本体"|"柏拉图多面体"命令，创建一个多边形基本体，如图3-5所示。

图3-5

步骤2： 在"通道盒"中，展开"输入"展卷栏下的polyPlatonic1，可以看到当前的"基本体"默认值为"二十面体"，单击该选项，将"二十面体"切换为"八面体"，如图3-6所示。

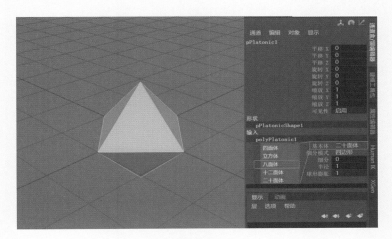

图3-6

步骤3： 单击"工具架"|"多边形建模"选项卡中的"球体"工具按钮██，在场景中创建圆球。钙钛矿结构特征是在体心及顶点分别有一个原子点，将创建的球体留在立方体中间，充当面心原子，再次创建圆球，并缩放其大小，拖曳z轴控制轴，将新创建的原子点移至结构顶点处。复制顶点原子，在四视图中拖曳对应控制轴，调整顶点原子所在位置，如图3-7所示。

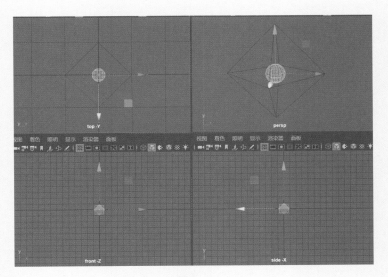

图3-7

提示

复制并放置顶点原子时，顶点原子不要着急放满，先放最下方顶点以及两个相邻位置的顶点，占总顶点数的50%，如图3-8所示。

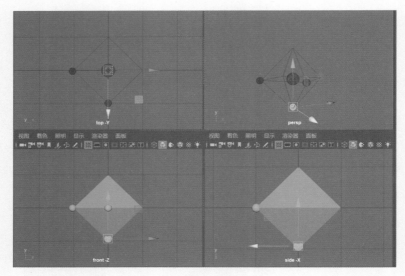

图3-8

步骤4: 在进行大量复制前,先为顶点原子和晶体赋予材质。在菜单中选择"窗口"|"渲染编辑器"|Hypershader命令,打开"材质编辑器"面板,创建一个新的阿诺德万能材质球,并设置好材质属性。在材质上右击,在弹出的快捷菜单中选择"为当前选择指定材质"选项,如图3-9所示。

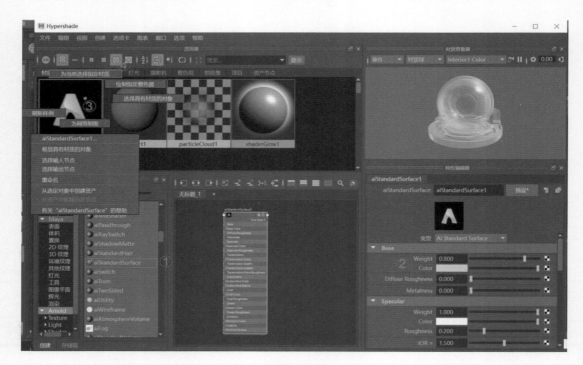

图3-9

步骤5: 创建3个不同的材质球,分别为八面体、面心球、顶点球指定材质。操作完成后,先简单渲染,预览效果,如图3-10所示。

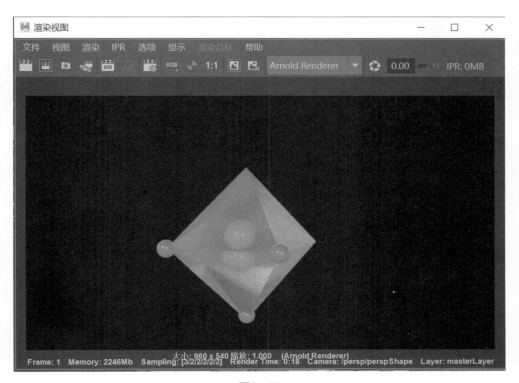

图3-10

步骤6：框选场景中创建的几个结构对象，在菜单中选择"编辑"｜"分组"命令（快捷键为Ctrl+G）建立组，使当前几个模型处于同一个组中。编组后会重新生成在整个组中心的枢轴，如图3-11所示。

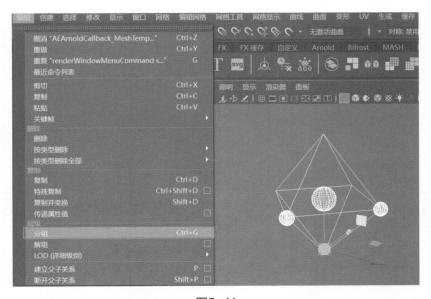

图3-11

软件小知识：中心枢轴

1. 改变中心枢轴位置

在对结构对象进行位移、旋转、缩放操作时，都需要基于中心枢轴，软件默认的中心枢轴在结构的正中心，如图 3-12 所示，按 D 键或 Insert 键可以进入调整中心枢轴位置的状态，拖曳轴心的方向轴改变中心枢轴的位置，如图 3-13 所示。调整好中心枢轴位置后需要再次按 D 键或者 Insert 键，以确认调整位置。

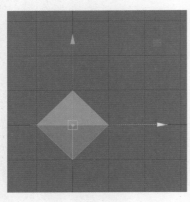
图3-12

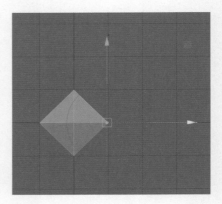
图3-13

2. 改变中心枢轴的应用

改变中心枢轴，在科技图像的结构制作中可以产生很多便利，如图 3-14 所示，当中心枢轴调整到结构之外时，可以方便堆积制作有向心属性的结构。

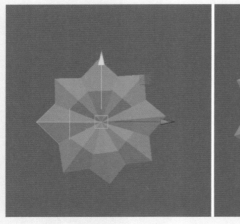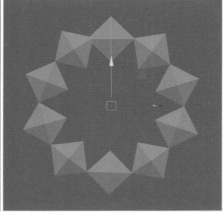
图3-14

3. 组中心枢轴

当选中多个结构对象并执行"编组"命令后，每个独立的结构中心枢轴保持在自己的原始位置，在组单元中重新出现一个以组为中心的中心枢轴。对组中心枢轴的调整，不会影响单个对象的中心枢轴。

4. 复位中心枢轴

当调整中心枢轴得到相应的变化后，需要使其再次回到中心枢轴；或者有些结构单元偏离场景中心点，而组中心枢轴默认生成位置在场景中心点，需要将中心枢轴设置在群组结构中心时，选择"修改"|"中心枢轴"命令，可以将单体结构对象或者群组对象的中心枢轴设定在结构的中心，如图3-15所示。

也可以通过单击"工具架"|"多边形建模"选项卡中的■快捷图标，将中心枢轴设定在结构中心，如图3-16所示。

图3-15

图3-16

步骤7：设置好组并选中组对象后，执行"编辑"|"复制"命令（快捷键为Ctrl+D），复制结构组。将复制的第一组对象沿x轴拖曳，调整好位置，并让复制后的顶角原子与之前留空的顶角正好对齐。调整好第一组对象后，执行"编辑"|"复制并变换"命令（快捷键为Shift+D），后续单元的复制和位移操作会自动进行，如图3-17所示。

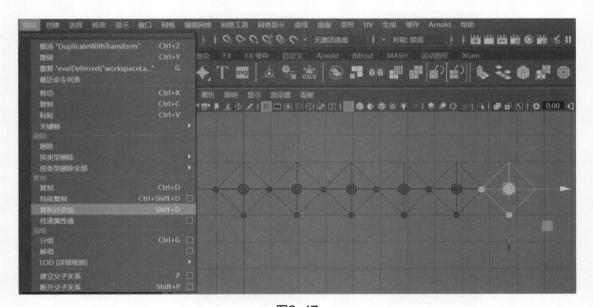

图3-17

步骤8：框选横向复制的所有结构对象，采用同样的方法完成沿y轴的复制操作，如图3-18所示。

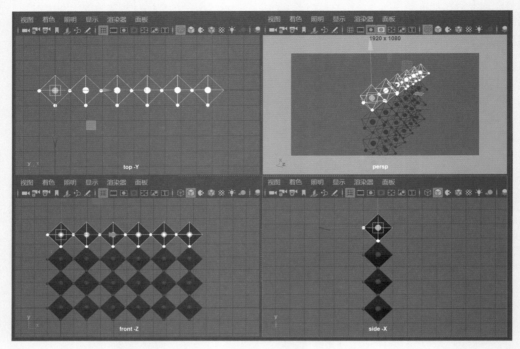

图3-18

步骤9：复制得到需要的层数后，停止复制。注意，此时最外层的顶点缺一排原子，需要复制最下层的原子，并移至顶层，补上空缺，如图3-19所示。

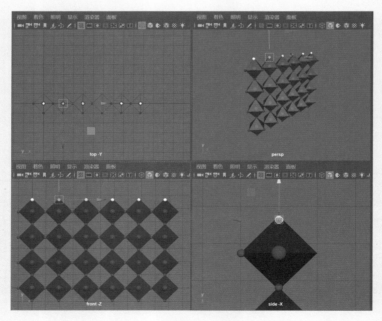

图3-19

步骤10：采用相同的方法完成z轴复制后，调整摄像机的角度，单击"渲染"按钮，获得如图3-20所示的结构效果。

从这个实例中可以看出，在科学研究领域进入微观世界之后，很多基础形态会回归到圆球、链条、圆柱、颗粒等，这些结构可能不需要大费周章地挤压变形，制作复杂的模型，用系统预设的基本体结构并稍做修改，即可得到理想的形态。

图3-20

3.3 建模工具包与基本体配合获得多元化的结构

3.3.1 建模工具包

在软件右侧的"建模工具包"将软件主菜单的"编辑网格"和"网格"工具中使用频率较高的模型编辑工具集合在一起，如图3-21所示。"建模工具包"的上半部分用于调整场景中对结构对象的选择方式，下半部分是模型变形的主要工具。

"建模工具包"中的编辑工具在"工具架"和快捷菜单中都有重叠部分，这会导致记忆负担。下面结合基本体结构，以及在科技图像领域常见的图像结构，从结构理解的角度讲述这些功能的使用方法。

图3-21

3.3.2 以多边形基本体 + 编辑工具理解模型的常见变化

1. 基础球体

球体是多边形的基础单元，也是常见的基本体结构之一。单击"工具架"|"多边形建模"|"球体"

工具按钮 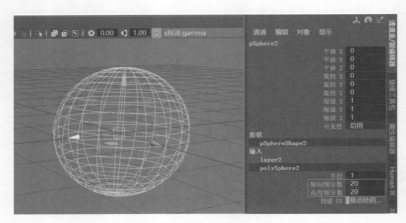，在场景中创建球体，如图 3-22 所示。展开"通道盒"中球体的属性参数，系统默认的"轴向细分数"和"高度细分数"值均为 20，球体会随着细分数值的增加而变得更加圆滑，降低细分数值会让球体有切面感。

图3-22

2.基础球体 + 挤出变形

选择球体并在"建模工具包"中切换到"面选择"状态，单击"挤出"按钮 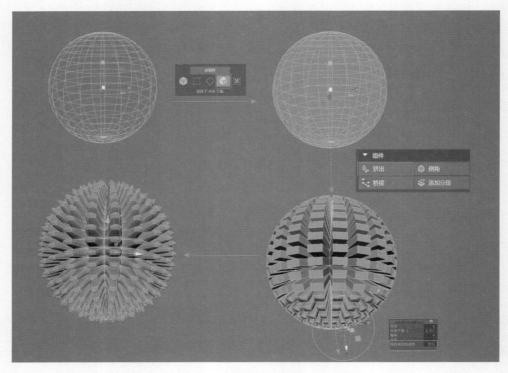，在悬浮窗中单击"保持面的连接性"菜单，并切换到"禁用"状态。拖曳挤出工具垂直方向的手柄，如图 3-23 所示，在挤出适当的结构后，停止挤出，按 3 键进行平滑显示。

图3-23

为结构搭配简单的渲染环境可以获得如图 3-24 所示的结构效果。

禁用了"保持面的连接性"后的面挤压，可以将多个面同时挤出，形成凸出结构。面选择状态结合挤压功能，可以制作出满足各种不同需求的结构。

图3-24

3. 基础立方体

立方体是很多模型的起点，以立方体为基准增加边、线，可以变化出各种异形的结构状态，单击"工具架"|"多边形建模"|"立方体"工具按钮🟦，在场景中创建立方体，如图 3-25 所示。

在按 3 键进行平滑显示时，可以看到立方体以球体的形态显示，如图 3-26 所示。

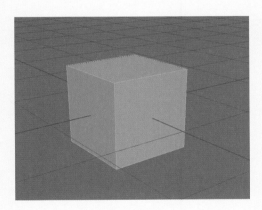

图3-25

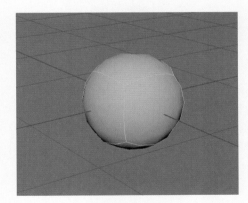

图3-26

立方体在不增加细分数值时可以平滑成球体，但是立方体平滑成的球体是面数最少的球体。在一些分子结构或者有大量球体堆积的场景中，尽可能减少面数会让场景的运行负担降低，进而获得较高的工作效率。

4. 立方体 + 挤压 + 倒角

为立方体增加分段数，并按 y 轴压扁立方体。切换到"面选择"状态，逐一选中顶部面，单击"挤出"按钮🟦，在"挤出"命令的悬浮窗中禁用"保持面的连接性"选项，如图 3-27 所示。分别选中挤出控制器上两个水平方向的缩放手柄，缩放选中的顶面。这次挤压只能完成平面上的缩放，再次单击"挤出"按钮🟦，拖曳垂直方向位移箭头，向下移动。

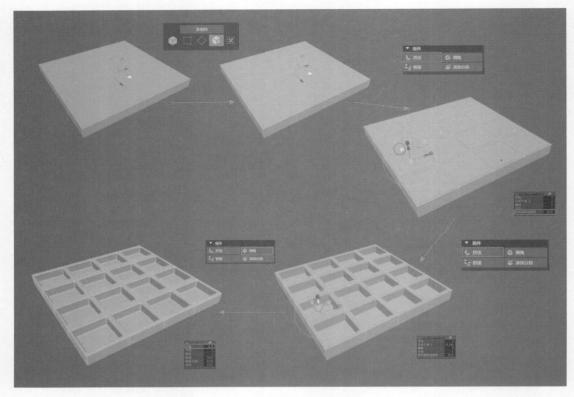

图3-27

完成挤压后，在"建模工具包"中单击"倒角"工具按钮 ，将"倒角"值改为0.8。适中的"倒角"值可以让结构看起来更精致、美观，渲染后的效果如图3-28所示。

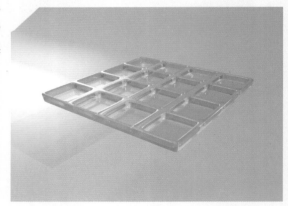

图3-28

5. 圆柱体

单击"工具架"|"多边形建模"|"圆柱体"工具按钮 ，在场景中创建圆柱体，改变圆柱体的"轴向细分数"值，可以获得不同的柱状结构，如图3-29所示。

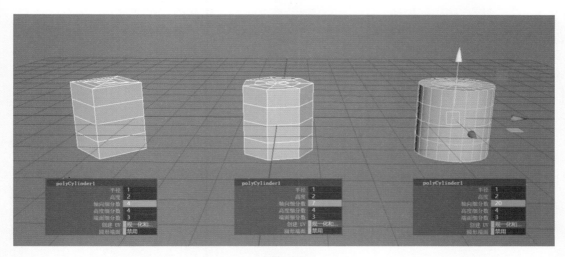

图3-29

6. 圆柱体 + 布尔 | 差集

创建球体，单击"挤出"工具按钮，将球体挤出一定的厚度。创建圆柱，将圆柱中心枢轴拖至球体中心，复制多个圆柱体并环绕球体，如图 3-30 所示。按顺序选中球体后再选中圆柱，单击"建模工具包"中"布尔"按钮，将"运算"模式改为"差集"，即可得到空心介孔球。

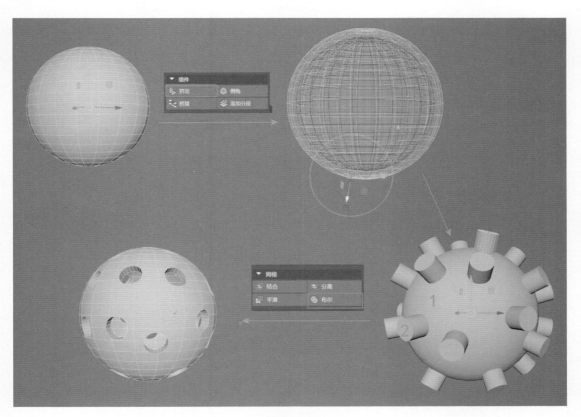

图3-30

在二维软件和三维软件中都有布尔运算功能，通过形体之间的加减运算来获得相应的结构对象。Maya 的布尔运算有并集（将两个结构合并计算得到整体结构）、差集（用对象 B 减去对象 A 得到剩下的结构）、交集（保留两个结构交叉的部分）。

执行"并集"和"交集"命令时，选择顺序对结果没有影响，执行"差集"命令时需要注意选择顺序。

孔道结构、多孔结构在微观领域有较多的应用，布尔运算利用不同的剪切对象和被剪切对象可以得到各种不同的微孔道结构，如常见的纳米球、多孔膜等，如图 3-31 所示。

图3-31

7. 锥体

单击"工具架"|"多边形建模"|"锥体"工具按钮，在场景中创建锥体。锥体结构的默认底面是一整片圆形，调整"端面细分数"值可以增加底面结构上的线段，如图 3-32 所示。

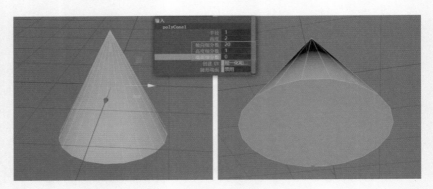

图3-32

8. 锥体 + 合并

创建一个锥体和一个圆柱体，在调整它们的位置后，在"建模工具包"中单击"结合"工具按钮，将两个单独的结构对象合并为一个完整的结构对象，中心枢轴自动重新生成，处于整体结构的中心，如图 3-33 所示。在"建模工具包"中单击"分离"工具按钮，可以将结合的对象恢复到原始的状态。

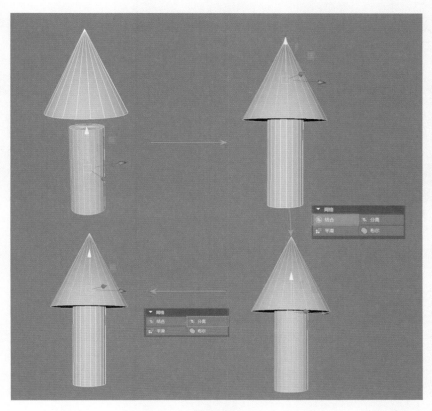

图3-33

![icon] **软件小知识:"结合"与"并集"的区别**

执行"结合"与"并集"操作,从结果上来看,通过"结合"获得一个整体结构与通过"布尔"中的"并集"获得一个整体的结构,它们的效果相似,区别在于,通过"结合"获得的结构,可以在"建模工具包"中通过"分离"重新分解为各自独立的结构,而"布尔"获得的结构不可逆。

为结构增加一个透明球体,渲染效果如图 3-34 所示。

9. 环形

单击"工具架"|"多边形建模"|"环形"工具按钮![icon],在场景中创建环形,系统默认为圆环,如图 3-35 所示。

将环形的"轴向细分数"值调整为 6,如图 3-36 所示,可获得科研领域常见的六元环结构。

图3-34

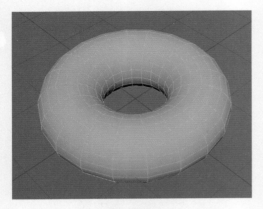

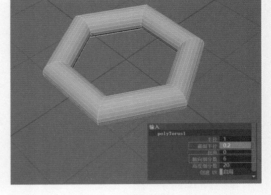

图3-35 图3-36

采用同样的方式，还可以获得五元环、八元环等环形结构。

10. 环形 + 平滑

在模型的制作过程中，尽可能缩减面数，可以降低计算机系统的运算负担，避免面数太多导致计算机卡顿。但是在减少面数时，会伴随出现结构不够圆滑的情况。按 3 键的平滑显示对普通结构很有帮助，可以保证在不增加面数的情况下，光滑地渲染结构。选中减少了"轴向细分数"值的六边形，并按 1 键，会发现圆滑并没有将六边形变成更加精细的六边形，而是直接变成了圆环，如图 3-37 所示。单击"建模工具包"中的"平滑"按钮 ，在弹出的浮动窗口中可以设置"分段"值，但是显然"平滑"也会将六边形变成了圆环。对六边形结构执行"添加分段"命令 ，增加分段之后的六边形比之前圆滑，但是并未改变六边形的结构形态。

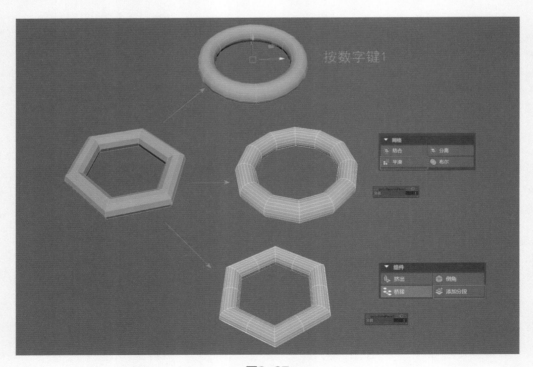

图3-37

"建模工具包"中的变形功能可以用在任何模型结构上，不限于特定形态。在"创建"|"多边形基本体"子菜单中还有"圆管""螺旋线""足球"等更多预设好的基本体结构，通过巧妙结合，灵活组装，这些基本结构在科研图像领域都可以起到很好的作用。

3.4　立体文字

在基本体创建中还有一类比较特殊的基本体——文字。在工具架上，"文字"工具**T**与其他基本体工具共同陈列在"多边形建模"选项卡中。"文字"工具的使用方法比其他基本体略微复杂，下面以一个简单的实例讲述"文字"工具的使用方法。

在科技图像中，文字是比较重要的组成部分，而且需要尽可能保持文字的矢量状态，这样可以保证文字的清晰度和精致感。期刊封面中除标题外一般不会出现文字，如果确实需要添加一些文字，就要设法使其成为画面结构的一个部分，通常的做法是将文字做成三维立体结构，使其具有形体感。

步骤1: 选择"创建"|"类型"命令，或者在工具架中单击"文字"工具按钮，在场景中生成立体的文字结构，如图3-38所示。

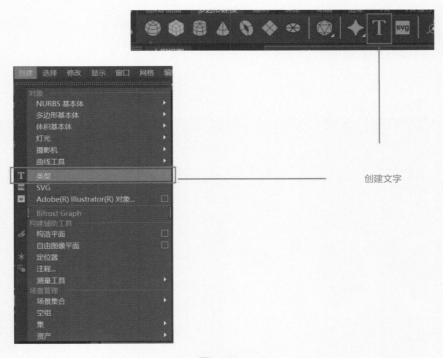

创建文字

图3-38

步骤2: 此时场景中出现立体字3D Type，右侧的属性编辑器中随之展开文字属性编辑器type1，如图3-39所示。

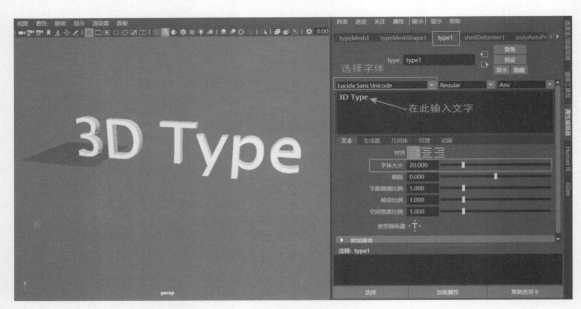

图3-39

场景中出现的 3D Type 字样是系统默认的文字，在展开的文字属性编辑器中，可以将该文字删除，并输入需要的文字内容。在 type1 选项卡中，可以调整字体、字体大小等参数，如果是多行文字，还可以调整对齐方式。

步骤3：将文字内容改为CO2，字体改为Arial，如图3-40所示。

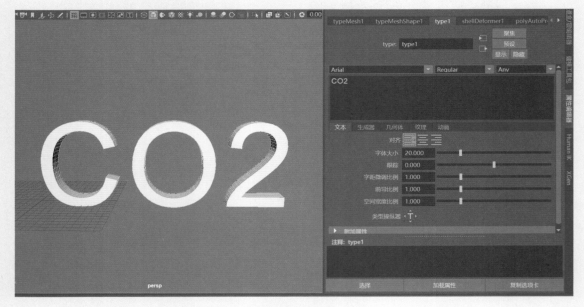

图3-40

步骤4：单击"类型操纵器"按钮，单击文字2，在化学符号中2应该是下标，比另外两个字符小，用"类型操作器"调整文字2的大小，如图3-41所示。

图3-41

步骤5: 完成对文字内容的调整后，进入"几何体"选项卡，调整文字的形态。在"挤出"展卷栏中选中"启用挤出"复选框，调整"挤出距离"值为8.718，增加文字的厚度，如图3-42所示。

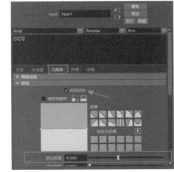
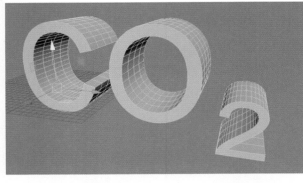

图3-42

步骤6: 拖动type1选项卡的滚动条，查看更多参数设置。进入"倒角"展卷栏，选中"启用倒角"复选框，设置"倒角距离"值为0.415，让文字边缘看起来更圆滑、精致，如图3-43所示。

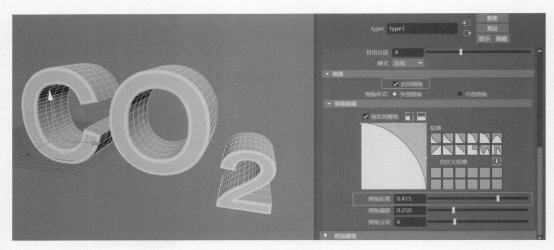

图3-43

步骤7：为字体增加材质，并配置场景中的灯光。渲染文字，可以看到文字的厚度及倒角效果，如图3-44所示。

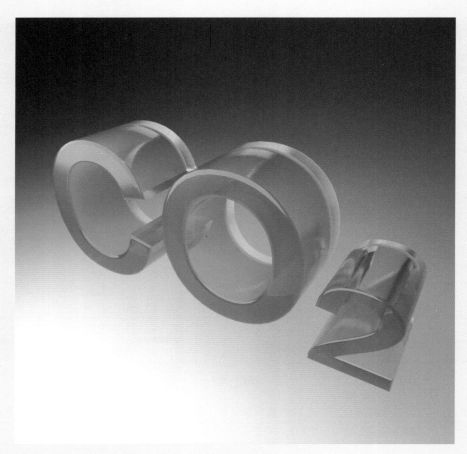

图3-44

3.5 实例：蛋白结构

在多边形建模中，在多边形结构上增加点、线、面并加以调整的过程是多边形建模中最具有挑战性的，可以创造无限可能的形状。下面以一个实例展示多边形建模的过程及思路，同时讲述多边形编辑相关工具的使用方法。

步骤1：执行"创建"|"多边形基本体"|"立方体"命令，在场景中创建立方体。进入"建模工具包"，将选择工具切换到"面选择"模式 📦，任意选择一个面，按住Shift键再选中另一个对应的面，如图3-45所示。

步骤2：单击"建模工具包"中的"挤压"按钮 🔩，如图3-46所示。

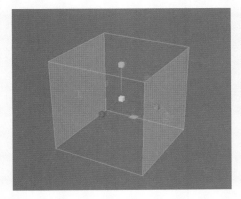

图3-45

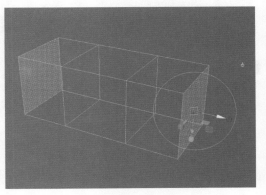

图3-46

步骤3：依次选中几个不相邻的面，如图3-47所示。

步骤4：再次单击"挤压"按钮 🔩，让结构更具有起伏感，如图3-48所示。

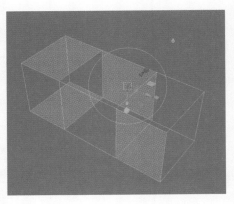

图3-47

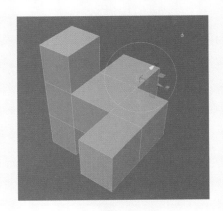

图3-48

步骤5：对模型执行"平滑"命令 🔩，如图3-49所示，在浮动窗口中将"分段"值调整为3，使模型变得更光滑，点线数量更多，如图3-50所示。

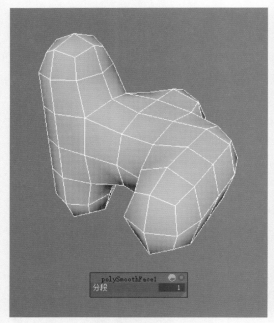

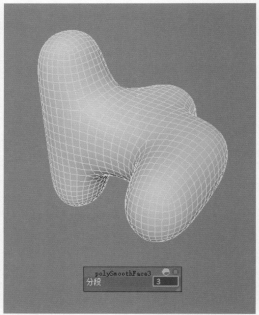

图3-49   图3-50

步骤6：在"建模工具包"中选中"软选择"复选框，如图3-51所示。"软选择"可以在对选定范围的锚点进行调整时，同时影响周边点的形态变化，以便让结构更自然，不至于产生断层、切面的现象。

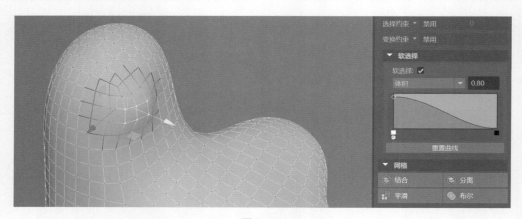

图3-51

步骤7：将软选择的"体积"值设置为0.80，用"选择"工具![]框选要调整的锚点，切换到"位移"工具![]，对结构进行细节调整。

步骤8：在不同的位置框选锚点并调整结构，结合位移操作调整出大致的形状，此时减小软选择的"体积"值，进行细节的刻画，如图3-52所示。

步骤9：执行"网格工具" | "雕刻工具" | "凸起工具"命令，调出"雕刻"笔刷，此时鼠标指针会变成圆圈状，在结构上需要凸起的位置单击，可以刷出与"软选择"方式相同的凸起效果，如图3-53所示。

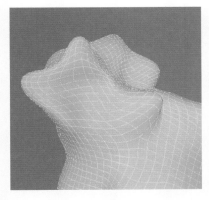

图3-52

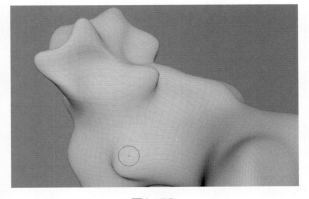

图3-53

![软件小知识：雕刻笔刷]

1. 雕刻笔刷的设置与调整

雕刻笔刷是通过鼠标在结构上的拖曳，从而影响局部结构，造成凸起或凹陷的结构变化。在使用雕刻笔刷时，需要调整以下几个参数。

（1）大小，即笔刷影响的范围。

（2）强度，即笔刷力度。

笔刷调整方法一： 在"网格工具"｜"雕刻工具"子菜单中，每个笔刷命令后面都有小方块图标，单击它可以打开相应窗口并进行设置，如图3-54所示。在窗口中，可以预先设定好笔刷的大小与强度，再开始使用笔刷。

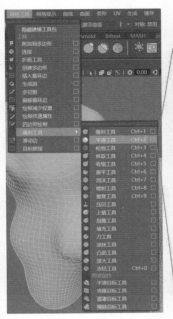

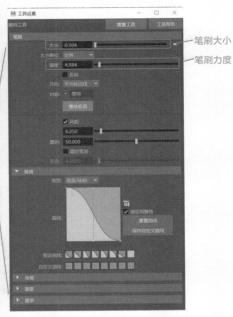

图3-54

笔刷调整方法二：如果对笔刷的大小和强度没有概念，需要根据模型大小和结构进行判断。在操作过程中，可以看到左侧视图上方会出现一个工具的临时图标，在这个临时的工具图标上双击，可以在使用过程中调出设置对话框，并调整笔刷参数。

笔刷调整方法三：在笔刷力度调整合适后，可以稳定使用，不需要反复调整。但笔刷大小的调整可能会有更多的变化，随着细节深入，笔刷大小需要变得更细小，在一些大结构方面则需要放大，笔刷大小除可以在对话框中设置外，软件还提供了调整快捷键——按住 B 键的同时按住鼠标左键拖曳，可以在场景中直接变换笔刷的大小。

2. 使用雕刻笔刷时的注意事项

雕刻笔刷是比调整点和面更快捷的调整工具，但是使用雕刻笔刷需要注意以下两点。

（1）雕刻笔刷需要有较多的细分面，在使用雕刻笔刷之前需要做好基础轮廓结构，为轮廓结构增加细分。在三维软件中增加细分面意味着增加系统计算量，会导致整个场景的运行效率降低，操作发生卡顿，渲染时间变长。

（2）雕刻笔刷适用于处理具有随机性变化的结构，对于鼠标控制和造型控制能力强的设计师，可以用来制作精度极高的雕塑作品。在科技图像领域，更适用于一些有变化，又没有绝对精准要求的结构体，及微观世界中与生命体有关的随机性的结构，如细胞、肿瘤组织、细菌、囊泡等。

在"工具架"中，"雕刻"工具有独立的选项卡，将常用的雕刻工具以图标的形式陈列其中，以便调用或切换，如图 3-55 所示。

图3-55

步骤10：处理好一个结构单体后，可以复制该单体并调整角度。将多个单体堆积起来，形成更复杂、有出有入的蛋白结构状态，如图3-56所示。

在科技图像中，如果需要非常精准的蛋白质构象，可以查阅蛋白质数据库，按照其学术规则模拟或者下载，在有些图像中没有具体所指的蛋白质类型，蛋白质只是象征性的结构，可以用无规则的起伏模型堆积形成。

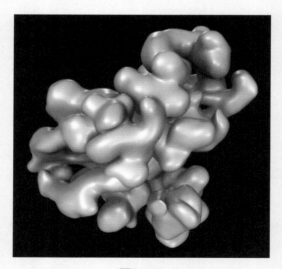

图3-56

第4章
NURBS曲面建模

Maya 还有另一种建模方式——NURBS 曲面建模。多边形建模是雕塑式建模，适用于一些立体块面的、刚性的结构体；NURBS 曲面建模则更多通过曲线来控制生成面，通过控制曲线的曲率、方向、长度来控制面结构。NURBS 曲面建模在有些特定结构中可以很好地弥补多边形建模的不足，完成多边形建模不容易实现的结构特征。

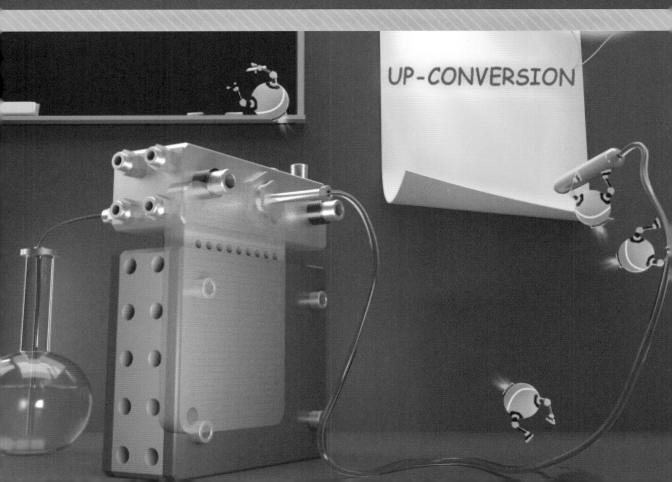

4.1 了解 NURBS 曲面建模

在"工具架"的"曲线/曲面"选项卡中可以看到，NURBS 曲面建模同样有基本预设——球体、立方体、圆柱等，在"曲线/曲面"选项卡中前排的是各种线段、曲线的生成与编辑方式，如图 4-1 所示。

图4-1

从模型的外表即渲染后的效果看，曲面建模和多边形建模没有区别，如图 4-2 所示的两个分子结构，渲染后看起来是一样的。但在场景中以线框模式（按 4 键）显示时，可以看出两者的区别，如图 4-3 所示。

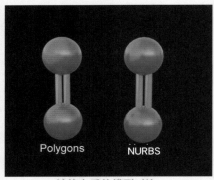
渲染之后的模型对比

图4-2

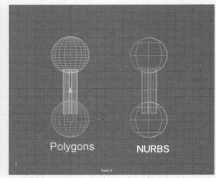
线框状态的模型对比

图4-3

将模型切换为点编辑模式，分别在两组分子结构左侧的化学键中间区域框选顶点，用"位移"工具拖曳，如图 4-4 所示，此时会发现多边形结构位移后像折线一样，是刚性的结构变化，曲面结构位移后是柔性的，会产生一定的弯曲。

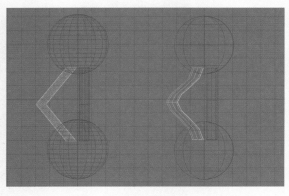

图4-4

由图 4-4 对比可见，在常见的具有一定柔韧性结构的构建方面，曲面比多边形建模更具优势。

4.2 实例: 杂乱缠绕的碳管

步骤1: 切换至顶视图,执行"创建"|"曲线工具"|"CV曲线工具"命令,绘制如图4-5所示的曲线。

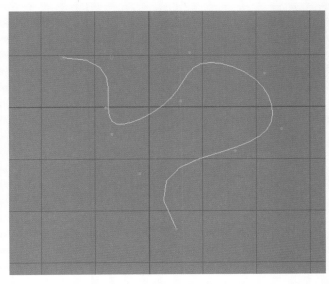

图4-5

步骤2: 在右侧视图切换区中,切换至透视图。在当前透视图中可以看到,绘制完成的曲线为平面状态,在曲线段上右击,在弹出的快捷菜单中选择"控制顶点"选项,切换到顶点编辑状态,如图4-6所示。

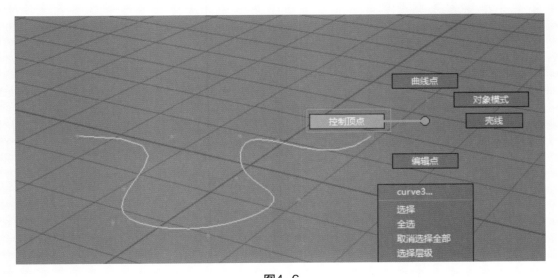

图4-6

步骤3: 选中玫红色的控制柄,按W键切换到"位移"工具,拖曳位移控制柄,调整曲线段在立体空间中的形态,如图4-7所示。

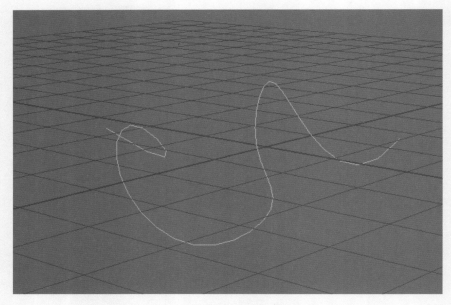

图4-7

步骤4：单击"工具架"中"曲线/曲面"选项卡的"圆形"工具按钮◎，创建闭合的圆形曲线。选中场景中创建的圆环，并将圆环与曲线一端的端头对齐，如图4-8所示，选中圆环按住C键移动，可以将圆环准确地吸附到曲线端头的位置，旋转圆环使其方向大致与曲线垂直，如图4-9所示。

图4-8

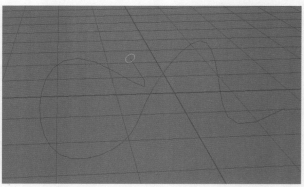

图4-9

步骤5：按照选中圆环再选中曲线的先后顺序，选择圆环与曲线段。单击"曲面"|"挤出"命令后的小方块图标▣，弹出"挤出选项"对话框，设置"样式""结果位置""方向"选项区，在"输出几何体"选项区选中NURBS单选按钮，如图4-10所示。

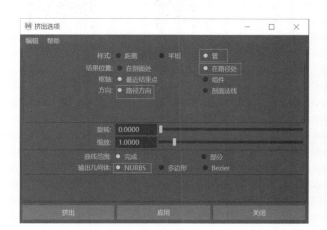

图4-10

步骤6：单击"应用"按钮，执行"挤出"命令，获得如图4-11所示的结构。

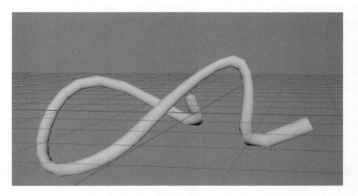

图4-11

步骤7：挤出曲线后，再根据实际需要调整曲线的控制顶点，调整管的形态。在曲线段上右击，在弹出的快捷菜单中选择"插入结（点）"选项，增加节点，可以使结构更平滑，如图4-12所示。

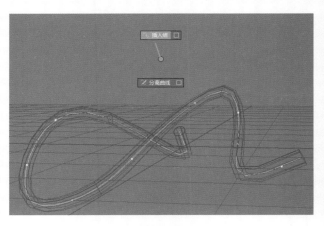

图4-12

步骤8： 绘制不同角度、不同形态的曲线，重复上述操作，做出多个不同的管。将所有做好的管放在一起并进行调整，最终做出互相缠绕的管的效果，如图4-13所示。

图4-13

步骤9： 为场景配置渲染环境，渲染后与其他结构共同构建画面，如图4-14所示。

图4-14

4.3 曲面模型的常规构成方式

4.3.1 创建曲线

1. 基础图像工具

单击"工具架"中"曲线/曲面"选项卡的"圆形"工具按钮 ◯，创建圆形曲线。圆形曲线默认为闭合的正圆形，在"通道盒"中调整圆形曲线的参数，可以得到不同形态的圆弧线段，如图4-15所示。

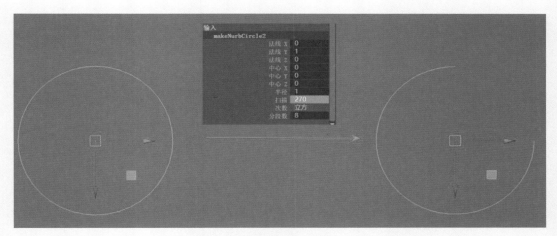

图4-15

2. 曲线工具

Maya提供了4种创建曲线的方式，分别通过控制柄、轮廓线来获得不同形态的曲线，如图4-16所示。

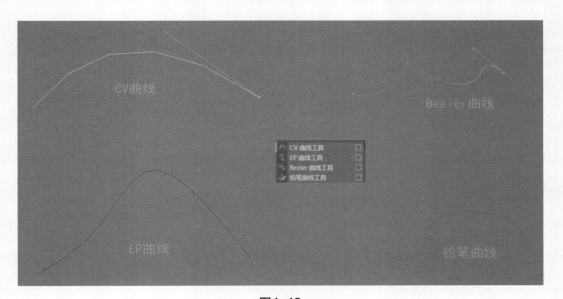

图4-16

创建曲线的这 4 种方式在操作方面有差异，选择自己习惯的方式即可。曲线在 Maya 结构中常用于构建随机性结构，不需要像使用矢量工具时绘制得那么精准。

3. 由已有结构获得曲线

除了可以手动绘制曲线，还可以用已经制作好的模型，或者一些基本体来获得曲线。如图 4-17 所示，用多边形基本体创建一个螺旋结构，在螺旋结构上选择一条贯穿的螺旋线，执行"曲线"|"复制曲面曲线"命令，可以将选中的边线从多边形基本体上复制出来。注意复制的线段是按照多边形基本体的原位边线复制的，是一段一段的线段，需要执行"曲面"|"附加"命令，将曲线段连接成一条完整的线段。

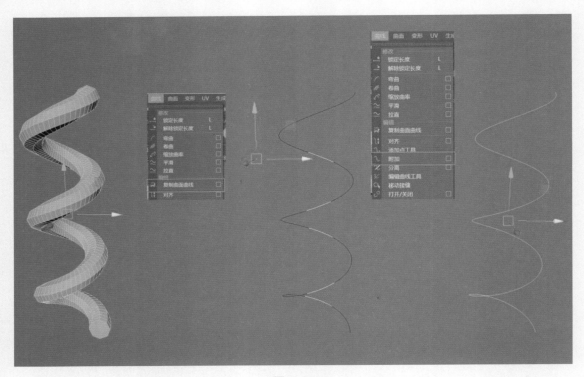

图4-17

用曲线工具绘制螺旋线段要调整锚点到完美的弧度，这需要花费一些时间，而在基础结构上复制，只需要选择合适的结构即可。

4.3.2 编辑曲线

1. 连接曲线

使用"位移"工具 将两条独立的曲线调整好位置，选中"曲线段 1"，按住 Shift 键选中"圆弧段 2"，将两条线段同时选中，单击"工具架"上"曲线 / 曲面"选项卡中的"附加"工具按钮 ，可以看到以"线段 1"和"线段 2"为基础，生成了一条贯通的新曲线——"曲线 3"，如图 4-18 所示。

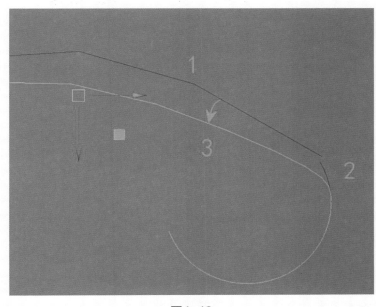

图4-18

2. 断开曲线

使用"选择"工具选中曲线，在曲线上右击，在弹出的快捷菜单中选择"曲线点"选项，如图4-19所示。在曲线段上需要断开的位置上右击，出现黄色标记，如图4-20所示，单击"工具架"上"曲线/曲面"选项卡中的"分离曲线"工具按钮，"分离曲线"工具会在标记点位置分离（断开）曲线。

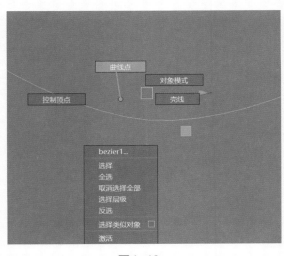

图4-19   图4-20

软件小知识：控制顶点、曲线点、编辑点的区别

1. 控制顶点

控制顶点是 Maya 中常用的调整曲线的方式。在曲线上右击，在弹出的快捷菜单中选择"控制顶点"

选项，此时曲线外围会出现粉红色的控制柄，单击该控制柄，用"位移"工具和"旋转"工具可以控制调整曲线的方向和角度，如图 4-21 所示。

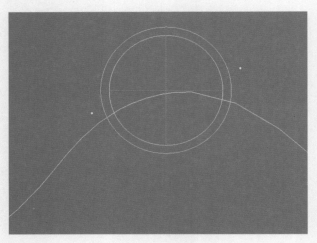

图4-21

2. 曲线点

曲线点是在曲线上标记位置的虚拟点，只有为曲线增加点、断开点的时候需要用到它。用"曲线点"工具在曲线上单击，以选定位置，单击"工具架"上"曲线 / 曲面"选项卡中的"插入结（点）"工具按钮 ↘，再通过右击，在弹出的快捷菜单中选择"编辑点"选项，可以看到在该位置新增一个编辑点，如图 4-22 所示。

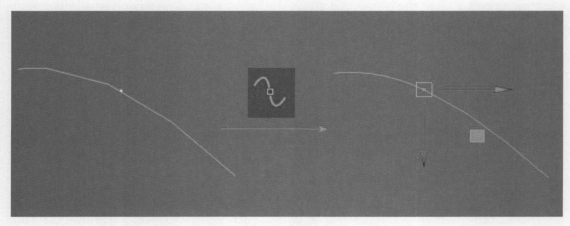

图4-22

3. 编辑点

选择编辑点可以对曲线进行位移、旋转等操作。控制顶点对曲线的调整是基于切线的宏观调整，有助于大幅度调整曲线的造型，而编辑点是位于曲线上的，适于对曲线局部的精准、细微调整。

3. 平行曲线

使用"选择"工具▶选中曲线，单击"工具架"上"曲线/曲面"选项卡中的"偏移曲线"工具按钮，可以生成与当前曲线平行的曲线，如图4-23所示。在"通道盒"中可以设置新生成曲线与原始线段之间的距离。

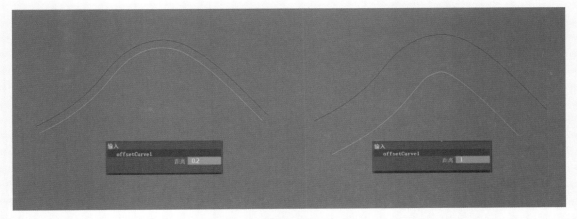

图4-23

单击"曲线"|"偏移"|"偏移曲线"命令的小方块图标，在弹出的"偏移曲线选项"对话框中，可以设置偏移曲线的偏移程度和状态。

4. 延伸微调

单击"工具架"上"曲线/曲面"选项卡中的"延伸曲线"工具按钮，可以在选定曲线的首端或者尾端，沿着线段当前的空间结构自动生成一定长度的曲线。延伸线段适用于对线段的微调，单击"曲线"|"延伸"|"延伸曲线"命令的小方块图标，在弹出的"延伸曲线选项"对话框中，设置曲线延伸的长度和希望延伸的位置，如图4-24所示。

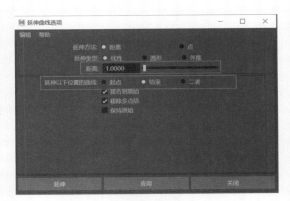

图4-24

4.3.3 由曲线到曲面

1. 曲面放样

在空间中绘制两条曲线，并调整好位置，如图4-25所示。单击"工具架"上"曲线/曲面"选项卡中的"放样"工具按钮，在两条曲线之间将生成曲面，如图4-26所示。

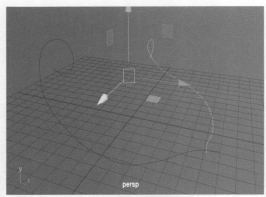

图4-25

图4-26

　　单击"曲面"|"放样"命令的小方块图标，在弹出的对话框中，设置放样命令相关参数。使用"选择"工具选中曲线并右击，在弹出的快捷菜单中选择"控制顶点"选项，调出曲线上的控制柄。选中曲线上红色的控制柄，按 W 键切换为"位移"工具，沿目标方向移动控制柄，如图 4-27 所示。可以通过调整曲线来调整放样所构建的整个曲面的形状。

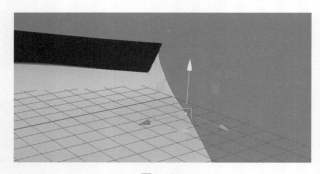

图4-27

　　调整好曲面的形态后，为其指定材质，并配置渲染环境，渲染效果如图 4-28 所示。

图4-28

放样的方法对柔性结构、随机的结构、不规则的结构，如叶片、薄膜、纳米片等很有帮助，既有利于获得结构，又有利于后续的修改调整。

2. 旋转曲面

在前视图中，执行"创建"｜"曲线工具"｜"CV 曲线工具"命令，画出"离心管"右半部分的轮廓，如图 4-29 所示。仔细调整锚点的位置，注意"CV 曲线"工具是用 3 个点控制一条曲线的，所以转折处较硬的地方需要同时调整 3 个点进行控制，如图 4-30 所示。

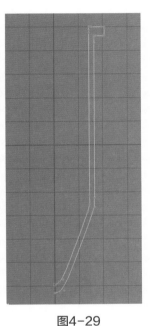

图4-29

图4-30

单击"曲面"｜"旋转"命令的小方块图标，打开"旋转选项"对话框，如图 4-31 所示。一般使用默认设置即可，但需要在"轴预设"选项区中选择正确的轴向。

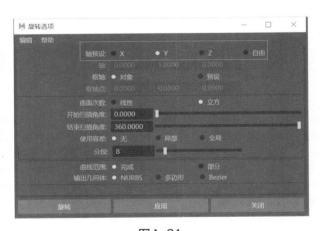

图4-31

选中 Y 选项，沿 y 轴旋转，获得如图 4-32 所示的结构。

此时，如果发现效果不好或需要更改样式等，可以选择曲线，通过调整曲线上的控制柄，来改变结构的状态，如图4-33所示。

渲染结构的效果如图4-34所示，曲面模型与多边形模型只是建模方式的区别，在最终渲染获得的图像上没有区别。

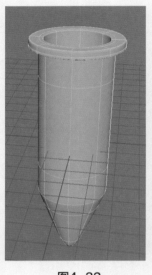

图4-32

图4-33

图4-34

3. 曲面建模与多边形建模

曲面建模是以曲线为基础的建模方式，曲面建模和多边形建模并不是对立的，相反，在很多时候，曲面建模和多边形建模是可以相互转换、相互支持的。

方法一：在"放样选项"对话框中直接转换。

回到前面的场景中，将已经放样生成的柔性膜结构放在图层中隐藏，再次框选两条曲线，单击"曲面"|"放样"命令的小方块图标，弹出"放样选项"对话框，在"输出几何体"选项区中，将默认的NURBS选项改为"多边形"，如图4-35所示。改变输出几何体类型后，该对话框下方与几何体属性相关的选项会随之改变，可以看到对话框中增加了与多边形相关的参数设置，将"类型"改为"四边形"可以获得多边形模型。

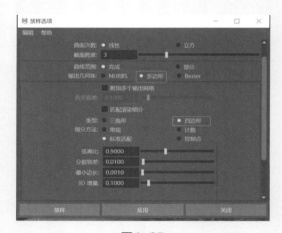

图4-35

将之前默认的曲面模型放在一起对比，可以发现，对于一些柔韧性高的模型而言，曲面模型显然更加光滑，多边形模型显得有些僵硬。生成哪种模型，一方面取决于后续对它的操作目标；另一方面取决于哪种模型更方便修改，如图 4-36 所示。

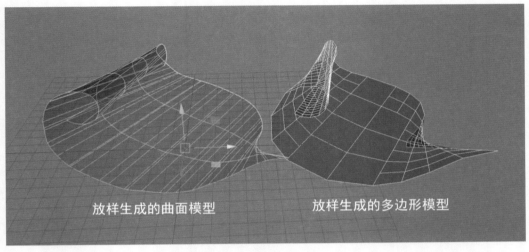

图4-36

方法二：在菜单中"转化"模型类别。

对于已经生成的曲面模型，执行"修改"|"转化"|"NURBS 到多边形"命令，可以将曲面模型转化为多边形模型，如图 4-37 所示。

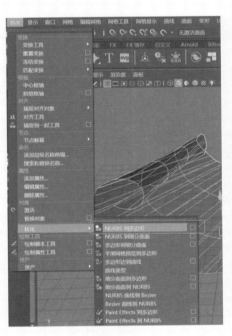

图4-37

4.4 实例：长碳管结构

步骤1： 在场景中打开石墨烯片模型，如图4-38所示。

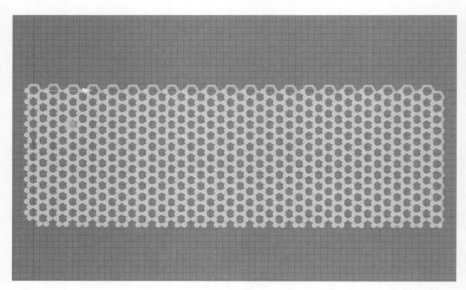

图4-38

步骤2： 框选结构，执行"网格"|"结合"命令，将石墨烯结构结合成一整片结构。执行"变形"|"非线性"|"弯曲"命令，为结构增加"弯曲"变形器，如图4-39所示。

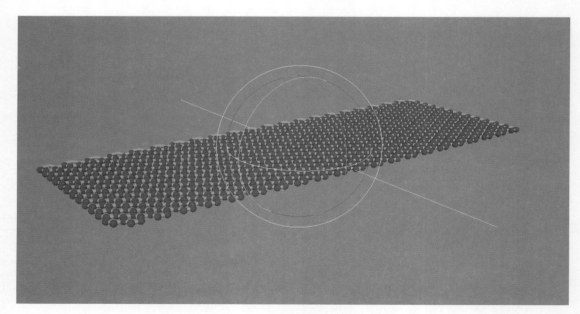

图4-39

步骤3： 调整"弯曲"变形器参数，"卷"出一个碳管，如图4-40所示。

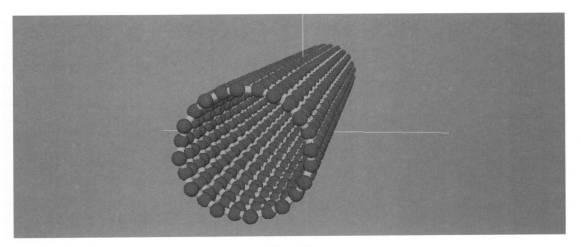

图4-40

提示

后面需要用长边来示意曲线的用途，这里用"弯曲"变形器"卷"起来的是短边。

步骤4：选中碳管，按快捷键Ctrl+D进行复制。将原始的碳管和变形器一起放在图层中并隐藏。选择原始碳管和变形器，单击"通道盒"下方图层管理区中的"创建带对象图层"按钮，如图4-41所示。单击该图层前方的可见图标 V ，将原始的碳管和变形器隐藏。

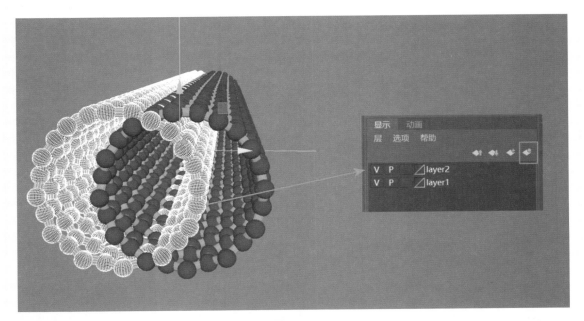

图4-41

用复制的图层进行后续操作，一方面考虑复制的图层脱离了控制器方便调整，另一方面考虑原始图层需要留存起来，以备修改调整使用。

步骤5：选择"创建"|"曲线工具"|"CV曲线工具"命令，绘制一条比碳管略长，但有弯曲弧度的曲线段，如图4-42所示，选择控制柄调整曲线形状。

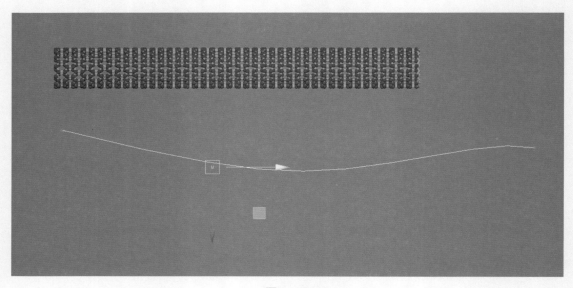

图4-42

步骤6：将软件功能模块切换至"动画模块"。先选中碳管结构，再按住Shift键选中曲线，在随着动画模块切换而切换到的动画相关菜单中，执行"约束"|"运动路径"|"连接到运动路径"命令，如图4-43所示，此时，碳管已吸附到路径上。

图4-43

步骤7： 将模型连接到路径上后，在底部关键帧区域会出现自动关键帧，如图4-44所示。单击"播放关键帧"按钮，播放当前关键帧动画，可以看到场景中碳管会随着路径运动。

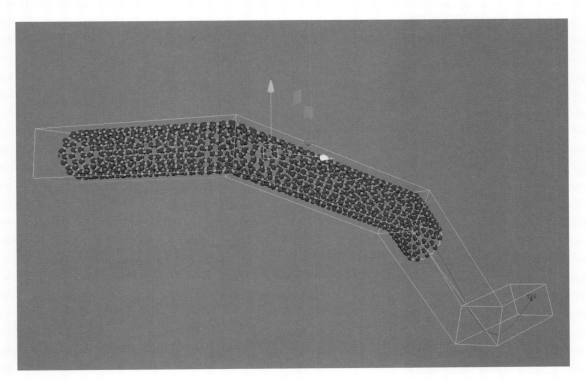

图4-44

步骤8： 选中碳管，执行"约束"|"运动路径"|"流动路径对象"命令，在碳管路径上生成一个跟随路径的"晶格"变形器，如图4-45所示，此时，碳管顺着曲线路径的方向紧紧贴合。

图4-45

步骤9：展开"通道盒"中晶格的"形状"展卷栏，将"S分段数"值调整为20，如图4-46所示。随着晶格数值的增加，碳管的贴合程度会更平滑。

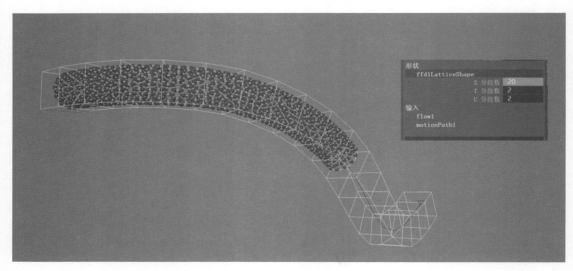

图4-46

步骤10：单击按住动画游标并在关键帧区域拖曳，找到合适的运动状态后释放鼠标。调整场景中的镜头角度并渲染场景，效果如图4-47所示。

图4-47

　　用路径动画的方式，可以变相将曲线作为模型变形工具使用，从而协助多边形模型完成更多的结构造型。用路径动画不仅可以将原本笔直、端正的形状变成柔性结构，还可以通过编辑曲线控制顶点的方式，调整结构形态。这种方法对绘制科技图像中常见的血管、淋巴管、复杂高分子链段等具有一定结构的柔性结构很有帮助。

第5章
非常规模型变化方式

从第 4 章的实例中,可以发现路径动画的便利性,通过曲线路径获得完美的流线形结构。在 Maya 中除了前文提到的两种常规的建模及其编辑方法,还有其他的模型构建方式,尤其是在科技图像所需的模型构建中,这些构建方式能起到非常关键的作用,本章将学习这类工具的使用方法。

5.1 实例：柔性器件结构

在"变形"|"非线性"子菜单中罗列了各种改变模型整体或者局部形态的方法，如图 5-1 所示，与前文讲述的点、线、面修改方式不同，变形器的编辑可以采用预设的模式，而且变形器的控制手柄可以设定动画关键帧，将结构变化做成动态效果。

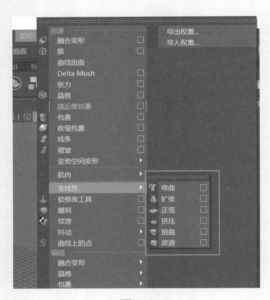

图5-1

非线性变形器是一组常用的变形器，优点是容易操作、简单方便。在科技图像中很多的常见结构都可以通过非线性变形器获得。

步骤1： 打开一个器件模型，先渲染查看效果，如图5-2所示，在场景中添加灯光和材质的方法后文会详细讲解。

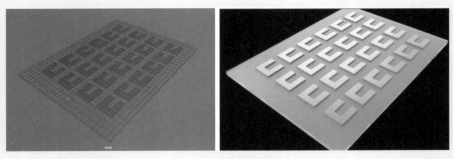

图5-2

步骤2： 框选场景中的所有模型，执行"网格"|"结合"命令，将模型合并为一个完整的模型，如图5-3所示。

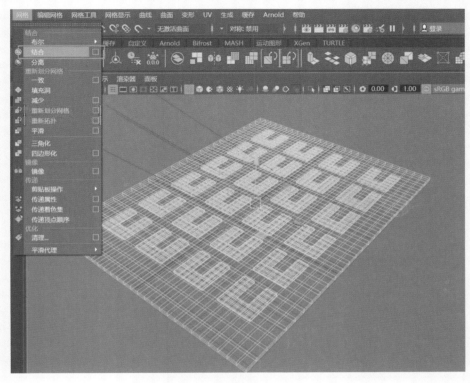

图5-3

步骤3： 执行"变形"|"非线性"|"弯曲"命令，场景中出现一根绿色的线条，这就是变形控制器。在"通道盒"的"输入"展卷栏中找到bend1选项区，如图5-4所示。

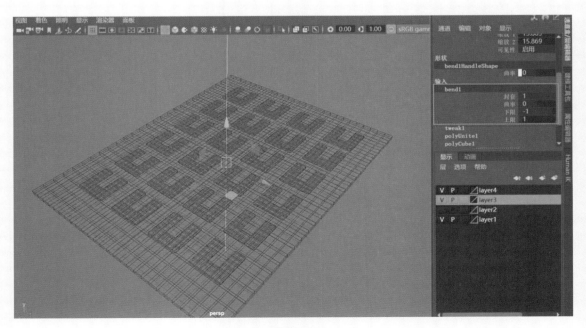

图5-4

步骤4：改变"曲率"值，通过"弯曲"控制器改变模型结构。当前场景中控制器对模型的影响不明显，且不是我们想要的结构，因为当前手柄控制方向与模型的角度不符，如图5-5所示。

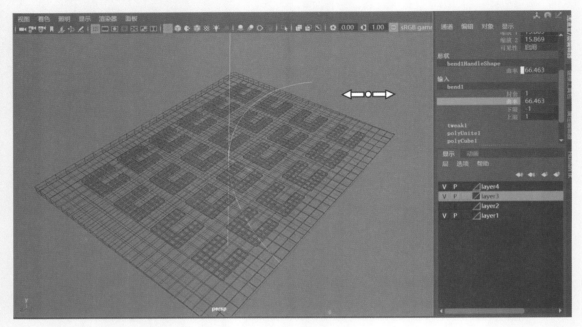

图5-5

单击"曲率"文本框，使其处于蓝色的激活状态，将鼠标指针移到场景中，按下鼠标中键时，鼠标指针会变成左右箭头的样式；按住鼠标中键，左右拖曳，"曲率"值会随之发生变化。

步骤5：按E键切换到"旋转"工具，调整手柄的旋转轴，可以看到，场景中控制器的角度不同时，模型会发生不同的变化，如图5-6所示。

"曲率"值控制"弯曲"变形器的弯曲程度，但是模型向哪个方向弯曲，需要调整控制器放置的位置，从而控制弯曲的方向。

在"弯曲"变形器参数列表中，"封套"值表示约束程度，1为完全约束，0为不受约束；"上限"和"下限"则控制控制器两端的分开程度，如图5-7所示。

只需要结合调整"弯曲"控制器的不同控制方式及控制器所在的位置、角度、弯曲程度，即可获得在科技图像中常见的形态，如图5-8所示。

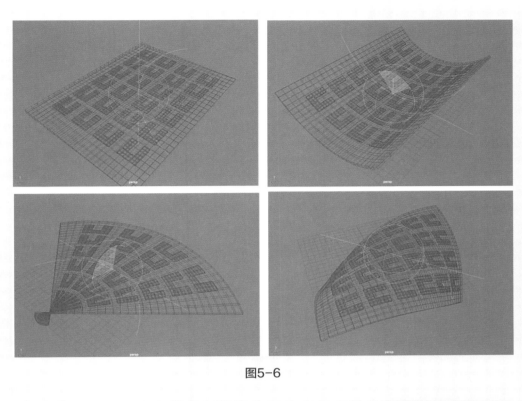

图5-6

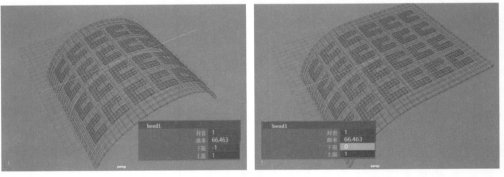

图5-7

图5-8

5.2 非线性变形器工具集

在非线性变形器中，其他几款变形器应用的方法与"弯曲"变形器相似，下面展示几款常见的变形器应用的效果，以供参考。

5.2.1 扩张变形器

"扩张"变形器将结构两端不同程度地缩放，可以获得类似梯形或者锥体的变形效果，如图5-9所示。为半剖面的空心管柱增加"扩张"变形器，并调整变形器参数，可以将均匀的空心管柱调整为一端大一端小的离子通道结构。

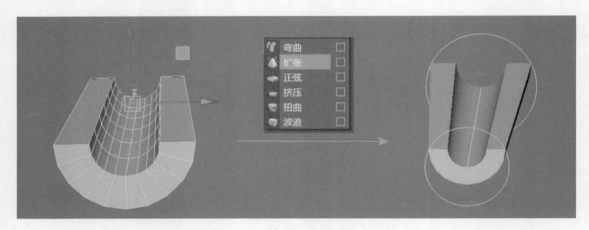

图5-9

等比例调整扩张参数，可以调整"扩张"变形器两端的扩张程度，调整"曲线"值，可以以"扩张"变形器两端为曲线末端，在结构中间部分收缩或者扩张，如图5-10所示。

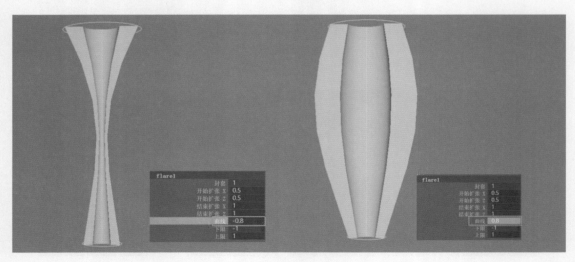

图5-10

5.2.2 正弦变形器

为结构增加"正弦"变形器，可以将结构变成类似正弦曲线的弯曲起伏结构，调整"振幅"参数值，可以调整适合当前结构的弯曲程度，如图 5-11 所示。"正弦"变形器与"弯曲"变形器相同，都默认出现在结构的正中心，可以用"位移"工具、"旋转"工具调整控制器的位置和角度，从而影响结构的效果。

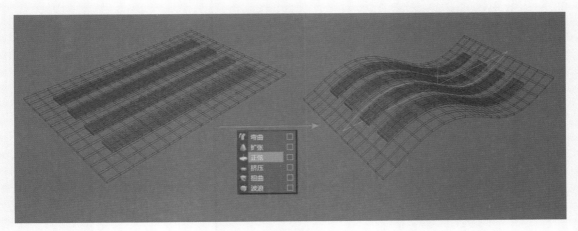

图5-11

1. 波长

调整"波长"值，可以增加弯曲度，并追加更多的波折起伏。需要注意的是，在调整"波长"值增加更多起伏之前，需要增加"细分数"值，才能得到更柔和的起伏效果，如图 5-12 所示。

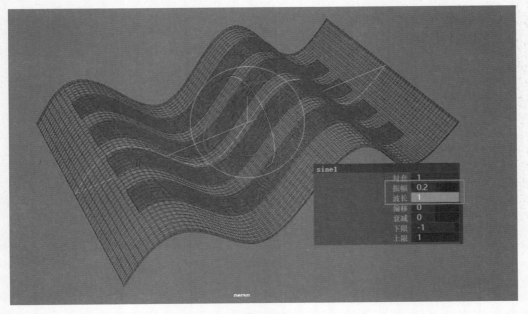

图5-12

2. 衰减

　　调整"衰减"值，可以将标准的正弦曲线，变成从中心沿控制器轴线向外逐渐衰减，波折逐渐平和的状态，如图 5-13 所示。

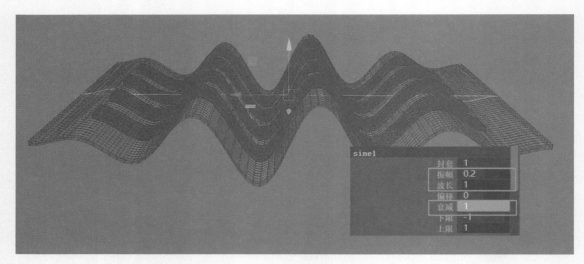

图5-13

　　调整"正弦"变形器的参数和方向，可以获得不同的折叠结构，渲染效果如图 5-14 所示。

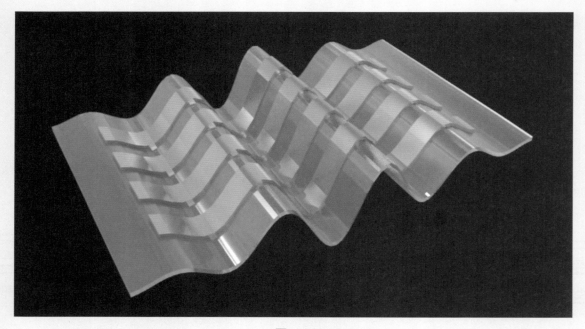

图5-14

5.2.3 挤压变形器

"挤压"变形器可以让已有的模型结构，产生类似橡皮筋拉伸的效果，如图5-15所示。

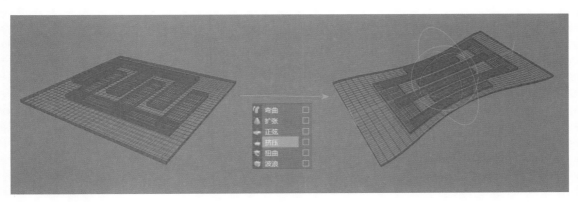

图5-15

拉伸效果在常见的柔性器件、可穿戴器件中，经常用于表现结构的延展性等特殊物理属性，如图5-16所示。

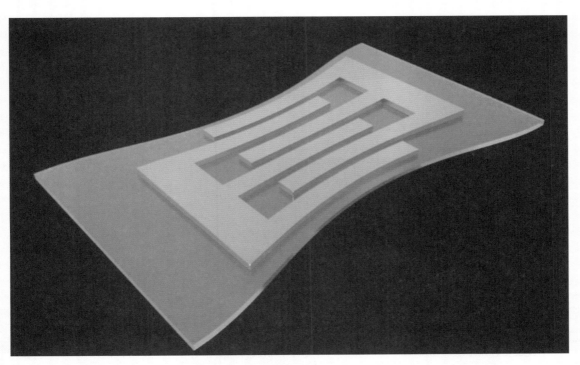

图5-16

5.2.4 扭曲变形器

"扭曲"变形器适合制作螺旋状态结构，调整"扭曲"变形器两端的角度差，可以产生螺旋扭转效果，如图 5-17 所示。

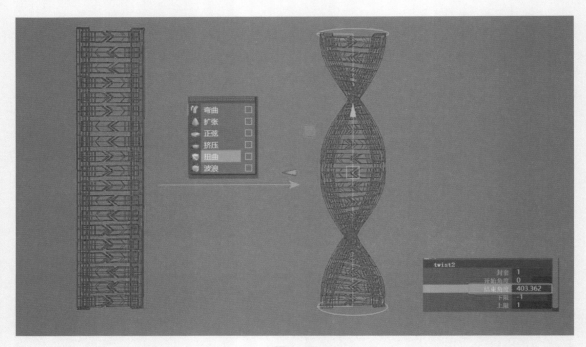

图5-17

"扭曲"变形器可用于制作 DNA 结构、高分子链段等具有扭转特征的结构，如图 5-18 所示。

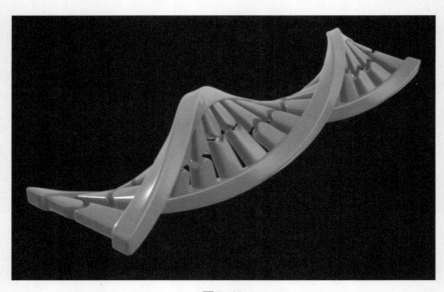

图5-18

5.2.5 波浪变形器

"波浪"变形器可以创建波浪涟漪的效果,例如,制作水滴入水时一圈圈扩散的效果,如图 5–19 所示。

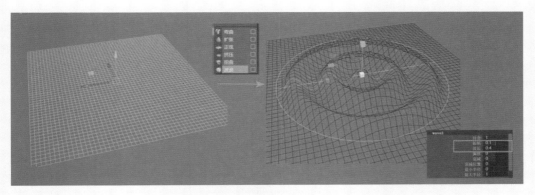

图5-19

涟漪效果制作之前需要增加足够的"细分数"值。

变形器除了对结构单独产生作用,还可以自由组合,产生更多有趣的效果。例如,将一段设置了足够"细分数"值的立方条带扭转 180°,再添加"弯曲"变形器,将条带弯折至首尾两端对齐的状态,可以得到常见的莫比斯环,如图 5-20 所示。

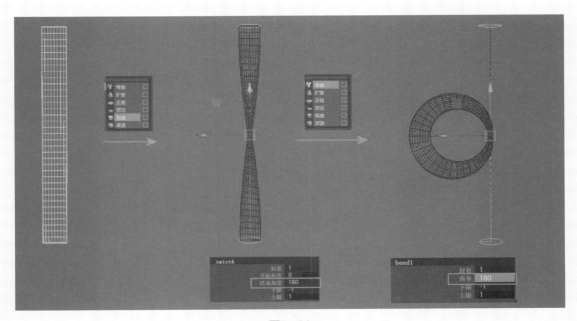

图5-20

5.3 实例：电池结构

nCloth 是 Maya 中模拟布料属性的功能，同样隶属于 FX 特效模块。在影视特效和动画领域，nCloth 用来模拟一些真实场景中类似布料的物质，柔软且会与所接触、碰撞的对象有碰撞变形现象，例如，场景中的窗帘、人物身上的衣物等。

在科技图像中也有柔性结构，或者用来表示某种材料柔软贴合的状态，用 nCloth 来模拟会比手动建模更容易，效果也更逼真。

下面以电池结构为例，讲述如何使用 nCloth 功能。

步骤1：在场景中创建立方体，并调整其比例，分别赋予两种不同的材质。这是电池内部的夹层结构，只需要将夹层属性区分清楚即可，如图5-21所示。

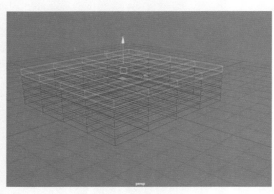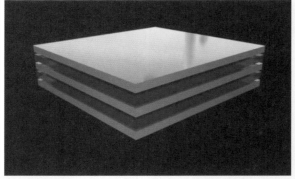

图5-21

步骤2：再创建一个立方体，作为电池外表面呈现包裹状态的外层结构，该立方体的边缘尺寸需要比之前的立方体大一些，需要覆盖住夹层模型，如图5-22所示。

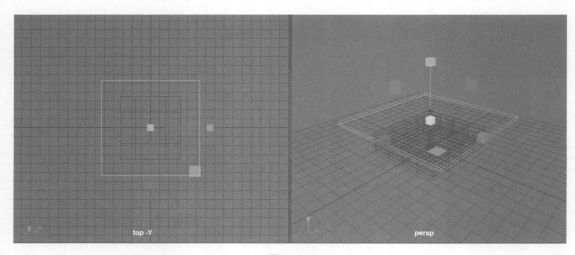

图5-22

步骤3：创建一个平面并放在夹层的正中间位置，这是一个辅助平面，不会被渲染，所以不能有厚度，厚度会导致结构出现缝隙，如图5-23所示。辅助平面只是为了与布料产生碰撞接触，不需要被渲染，按快捷键Ctrl+A，开启结构对应的"属性编辑器"，取消选中pPlaneShape1 | Arnold | Visibility展卷栏中的所有复选框，如图5-24所示。

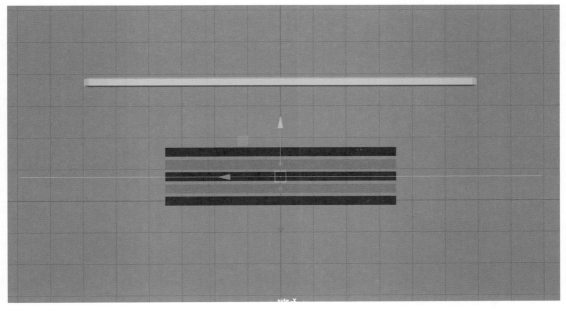

图5-23

图5-24

步骤4：为顶层的模型增加足够的"细分数"值，布料结算的柔软细致程度与模型的细分面大小有关，当前的结构没有那么细腻的褶皱，所以"细分数"值取中即可，如图5-25所示。

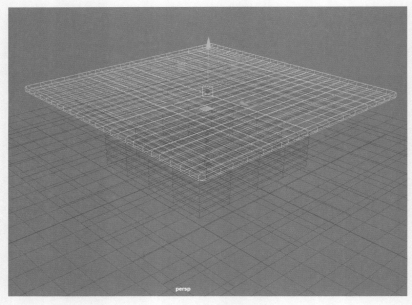

图5-25

步骤5：将软件的功能模块切换到FX特效模块，执行 nCloth| "创建nCloth"命令，为顶层覆盖的结构增加布料动力学属性，如图5-26所示。

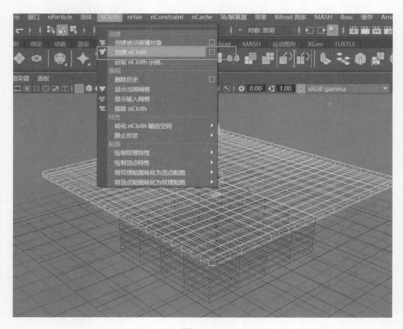

图5-26

步骤6：框选场景中的夹层模型和已经被设定为不可渲染的中间夹层，执行 nCloth| "创建被动碰撞对象"命令，如图5-27所示。

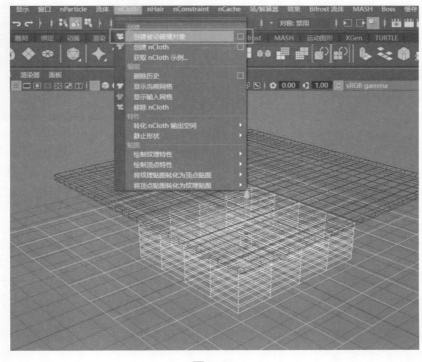

图5-27

步骤7：设置好布料属性和碰撞对象属性后，单击关键帧时间区中的"播放动画"按钮，可以看到刚才设定为布料的顶层模型，在播放中逐渐下落并与夹层结构产生碰撞，如图5-28所示。

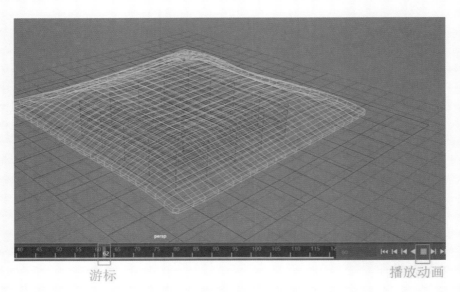

图5-28

步骤8: 当动画播放到从外观上看符合需求的覆盖状态时,可再次单击"播放动画"按钮停止解算。选中顶部结构,按快捷键Ctrl+D,复制一份该状态下的模型,并将带有动画的原始模型隐藏。电池结构是上下均有包裹的,底层的包裹状态与顶层对应,只需要再复制一份,并沿y轴反转,用来充当底层外壳即可。

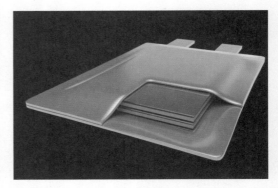

步骤9: 在顶层复制的模型上选择合适的剖面位置,删除面后,修补切口,即可获得表面柔软贴合的电池结构,如图5-29所示。

图5-29

5.4 流体与碰撞

在绘制科技图像时,经常会涉及液体,例如,在液体中的反应、界面相关的反应,以及污水处理或者油水分离的相关研究。在Maya中用流体的方式制作液体效果,可以模拟现实世界中液体的物理属性,从而获得逼真的液体效果,如图5-30所示。

图5-30

5.4.1 创建 Bifrost 流体

Bifrost 流体是基于模型的流体发射器,在场景中创建一个多边形的球体结构,如图5-31所示。选

中球体结构，将软件功能模块切换到 FX 特效模块，执行"Bifrost 流体"|"液体"命令，为球体增加液体效果。

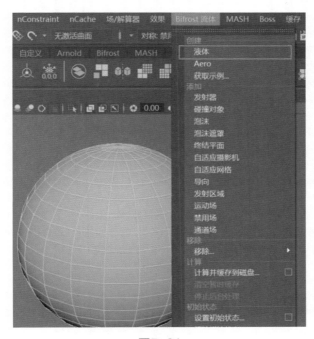

图5-31

单击"播放动画"按钮，在球体周围会产生绿色边框和蓝色的粒子点，Bifrost 流体默认受重力作用自然下落，如图 5-32 所示。在"通道盒"的图层管理区中单击"创建带对象图层"按钮，将作为发射器的球体放入图层中，并将该图层隐藏，如图 5-53 所示。

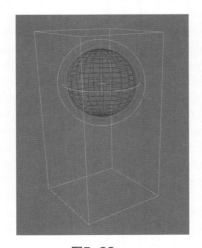

图5-32

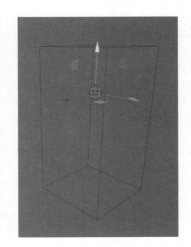

图5-33

粒子点状的流体形态不容易被观察，在大纲视图中选中 bifrostLiguid1 选项，展开"属性编辑器"，在 liquidShape1 | Bifrost 网格展卷栏中选中"启用"复选框，开启流体的网格显示模式，如图 5-34 所示。

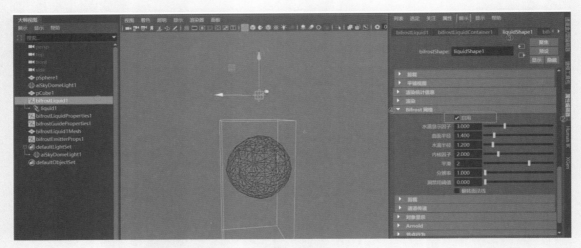

图5-34

　　此时，在粒子点外侧会产生一个 mesh 网格包裹，也就是能看见、点选、复制、留存的多边形网格，随着动画的播放，网格形态会逐帧发生变化。

5.4.2　持续的流体

　　流体默认按照基本体的形态产生一次粒子效果，展开"大纲视图"选中 bifrostEmitterProps1 选项，在右侧展开"属性编辑器"，在 emitterProps1 |"特性"展卷栏中选中"连续发射"复选框，如图 5-35 所示。

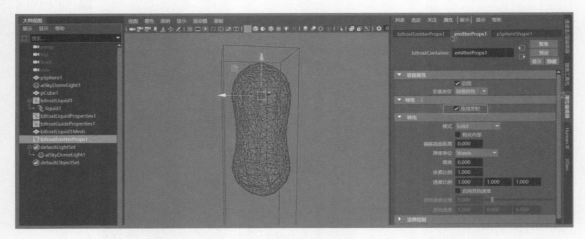

图5-35

　　单击"播放动画"按钮▶，可以看到流体发射器产生源源不断的液体。

088

5.4.3 流体的容器

在真实世界中，水流不会永无止境地向低处流动，水流的过程少不了容器，也少不了碰撞。在场景中创建立方体，选中立方体顶部面，使用"挤压"工具挤压边缘厚度，再次使用"挤压工具"，拉出水槽的深度，如图 5-36 所示。

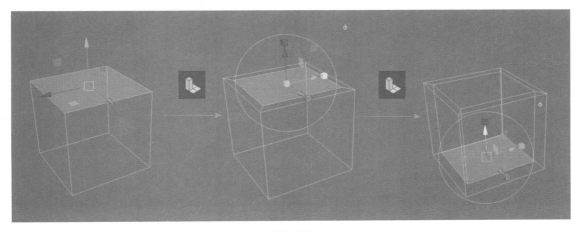

图5-36

做好容器后，调整容器的比例，并放置在流体发射器的正下方。在"大纲视图"中选中容器结构pCube1，按住 Ctrl 键同时选中流体 bifrostLiquid1，执行"Bifrost 流体"|"碰撞对象"命令，为其增加碰撞属性，如图 5-37 所示。

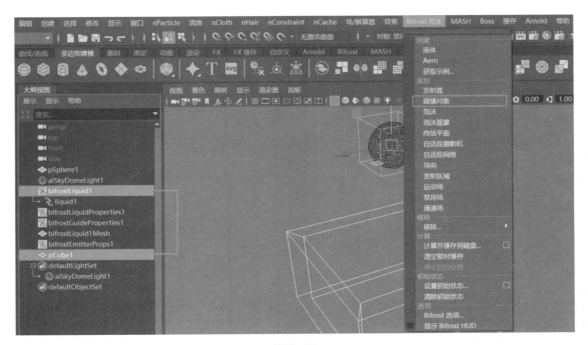

图5-37

单击"播放动画"按钮▶，可以看到流体触碰到容器底部会停止前进，在容器中停留、聚集，如图5-38所示。为场景增加环境光，并渲染场景，效果如图5-39所示。

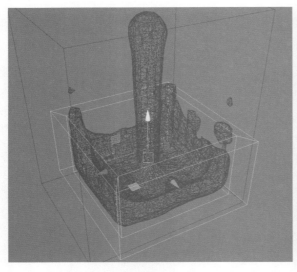

图5-38

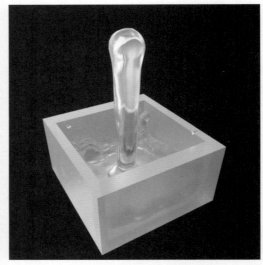

图5-39

在很多场景中，容器并不会在画面中出现，容器只是辅助水流产生正确的碰撞状态和流向，需要根据画面需要来设计容器的大小、方向和形状，如图5-40所示。

图5-40

软件小知识：Bifrost液体

在场景中，Bifrost 液体无论采用粒子的方式呈现，还是采用 mesh 网格的方式呈现，在渲染时都会以液体的形式出现。

（1）Bifrost 液体默认的材质是水，如果需要表现油、蜂蜜、液态金属等特殊液体，需要进入材质编辑器修改属性参数。

（2）Bifrost 液体可以调整初始流度、表面张力、黏度等参数，让液体在流动方式和反应状态上出现接近现实中的效果。

（3）Bifrost 液体的计算量与场景中网格大小有一定关系，在计算流体时要尽可能将模型缩小，以便获得更优化的模拟计算效率。

第6章
材质

在常规的影视特效渲染中，材质的目标是极尽可能地追求写实，为观众营造银幕前的真实感，让演员呈现出来的虚构故事可信，让观众能感同身受。在科学图像中，微观世界并没有绝对的可供模拟的真实材质，其材料质感一部分是为了辨认材料属性，另一部分是为了营造美感。科学图像中的物体材质需要在真实和美感之间寻找平衡点。

6.1 Hypershade 材质编辑器与材质球

本章主要学习 Maya 中常用材质的制作方法，用材质为虚拟结构强化质感，为画面效果增光添彩。Maya 的材质主要通过材质编辑器进行设置调整，如图 6-1 所示。执行"窗口"|"渲染编辑器"|Hypershade 命令，或者单击"材质编辑器" 快捷图标，打开 Hypershade 材质编辑器。

图6-1

Hypershade 材质编辑器中包括一个独立的菜单栏，以及多个功能模块。

图6-2

① **菜单区：** 在菜单区中罗列了所有与材质编辑相关的菜单命令。

② **材质浏览区：** 在材质创建区中创建的材质球，都会在材质浏览区中陈列。单击任何一个材质球，在对应的材质预览区和材质编辑器中，可以看到该材质球的渲染效果和各项属性参数。在材质浏览区顶部，还提供了与材质显示相关的图标，如图 6-3 所示。

图6-3

③ **材质创建区：** 材质创建区中罗列了 Maya 基础材质和 Arnold 渲染器配套的材质。单击材质收藏夹列表中的分类选项，在收藏夹右侧展开该分类中所有的材质。

④ **节点编辑工作区：** Maya 是通过节点连接来构建材质多层属性叠加的，在节点编辑工作区中可以查看或改变材质球的节点状态。

⑤ **材质预览区：** 单击任何一个材质球，会在右侧的材质查看器和材质编辑器中看到该材质对应的属性及预览的效果。材质预览区为了减少系统的计算量，默认的预览方式为"硬件"渲染，将显示方式调整到当前渲染器，在预览窗口中可以实时看到材质在渲染之后的效果，如图 6-4 所示。

材质预览窗口中默认以带结构的材质球呈现材质效果，在材质预览中可以选择预览载体，当结构不同时，材质的呈现效果也会有差异，如图 6-5 所示。

图6-4

⑥ **材质编辑器：** 材质编辑器包含设置材质的各项参数，通过材质编辑器的设置，可以获得各种不同的质感效果。

1. 创建材质球

在 Maya 中，常见的创建材质球的方法有两种。

创建方法一： 在材质创建区中单击材质球类别，创建新的材质球，如图 6-6 所示。

图6-5　　　　　　　　　　　　　　　图6-6

创建方法二： 在场景中单击要赋予材质球的模型结构，在结构上右击，在弹出的快捷菜单中选择"指定新材质"选项，如图 6-7 所示，此时可调出材质编辑器的部分创建菜单，并选择"创建新材质"选项。

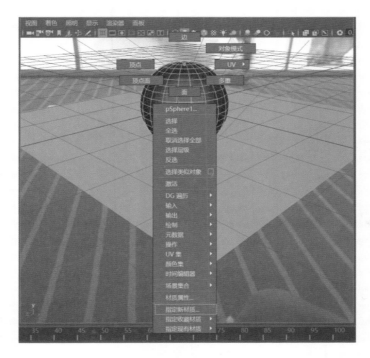

图6-7

2. 复制材质球

在调整材质时，经常遇到属性接近而色彩有异，或者细节不同的材质，重新调整需要配置较多的参数，复制材质对差异化的参数进行微调则是效率较高的方式。选中需要复制的材质球，在 Hypershade 材质

编辑器菜单中执行"编辑"|"复制"|"着色网络"命令，复制一个与目标材质球相同的材质球，材质球命名默认以尾数递增，如图 6-8 所示。

图6-8

复制的材质球与之前的被赋予材质对象没有链接关系，只保持了之前材质球的设置。将复制的材质球使用在场景中，需要重新为其指定场景中对应的对象。

3. 重命名材质球

当材质编辑器中材质球过多时，可以对材质球命名以便于区分，命名材质球有几种常见方式。

方法一： 在材质浏览区，在需要重命名的材质球上右击，在弹出的快捷菜单中选择"重命名"选项，如图 6-9 所示，在弹出的"重命名"对话框中输入材质球名称，如图 6-10 所示。

图6-9

图6-10

方法二： 选中需要重命名的材质球，在材质编辑区中更改材质球名称，如图 6-11 所示。

图6-11

方法三：在场景中选中已赋予该材质的对象，展开当前对象的属性编辑器，找到材质球选项卡，在材质球对应的名称文本框中输入新的名称，如图 6-12 所示。

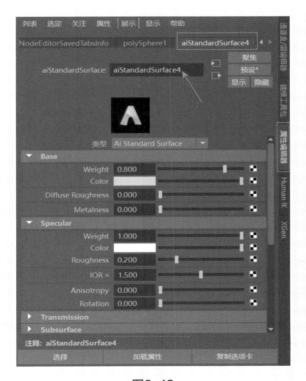

图6-12

4. 导入、导出材质球

当材质球需要在其他场景中再次使用时，可以将该材质球导出，使用时再导入。选中要导出的材质球，在材质编辑器菜单中执行"文件"丨"导出选定网络"命令，如图 6-13 所示，可以将选中的材质球导出为独立文件。在材质编辑器菜单中执行"文件"丨"导入"命令，可以将已存储的材质球文件导入。

图6-13

5. 为对象指定材质

在材质编辑器中创建材质球，并完成参数设置后，需要将已经创建的材质与场景中的模型建立链接，才能渲染出带有材质质感和色彩的物体。为对象指定材质，可以采用以下两种方法。

方法一：回到场景中，选中要赋予材质的模型结构，进入材质浏览区，在要赋予的材质上右击，在弹出的快捷菜单中选择"为当前选择指定材质"选项，如图 6-14 所示。

图6-14

方法二：在场景中选中模型结构并右击，在弹出的快捷菜单中进入"指定现有材质"子菜单，并选择要使用的材质选项，如图 6-15 所示。

图6-15

6.2 实例：核壳结构

步骤1： 在场景中打开一个核壳结构的模型，如图6-16所示。

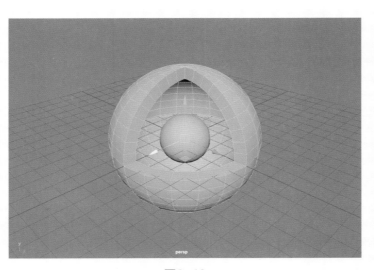

图6-16

步骤2： 执行"窗口"｜"渲染编辑器"｜Hypershade命令，打开Hyershade材质编辑器，在材质创建区选择aiStandardSurface选项，创建Arnold万用材质球，单击材质球的Color色块，在弹出对话框的"颜色控制盘"展卷栏中选择要设置的材质颜色，如图6-17所示。

图6-17

步骤3： 在场景中选中模型，回到Hypershade材质编辑器。在目标材质球上右击，在弹出的快捷菜单中选择"为当前选择指定材质"选项，将材质球指定给场景中选定的模型，如图6-18所示。

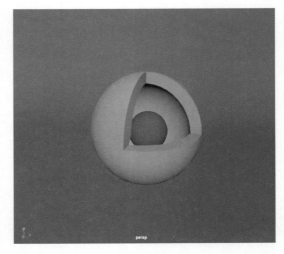

图6-18

步骤4：执行Arnold | Lights | Skydome light 命令，为场景增加环境灯光，设置灯光后渲染模型，效果如图6-19所示。

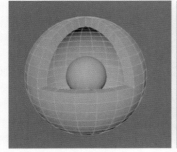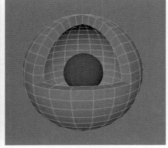

（a）无材质模型　　　　　　　　（b）有材质模型未渲染　　　　　　　（c）有材质模型渲染之后

图6-19

在真实世界中铅球和乒乓球区别很大，构成铅球和乒乓球的物质、密度、重量、表面粗糙程度都不同；而在三维软件的世界中，铅球和乒乓球的区别只在于材质不同，同样是球体模型，赋予不同材质就能给观者带来不同物理属性的感官认知。

6.2.1　Arnold 预设材质

材质参数的调试和实验室调试仪器一样，需要具备一些专业知识，还需要有一些经验。Arnold 材质中增加了预设材质，包括常见的金属、玻璃、液体等。在材质创建区创建万能材质 aiStandardSurface，单击"预设 *"按钮，展开预设列表并选择需要的材质类型，如图 6-20 所示。

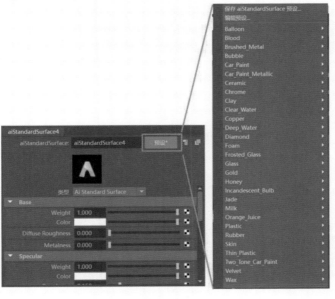

图6-20

预设材质的渲染效果，如图 6-21 所示。

图6-21

6.2.2　Arnold 预设材质融合度

预设材质可以设置使用的程度，也就是使预设材质的质感与创建材质的质感及颜色产生一定的混合，如图 6-22 所示。"替代"为完全替代所创建材质的设置；"融合"则可以按照比例融合。

图6-22

为结构创建万能材质，分别赋予预设属性 Gold 不同的融合度，如图 6-23 所示。

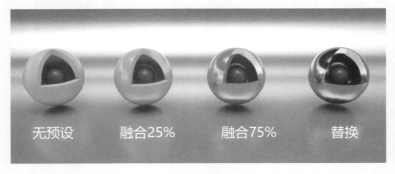

图6-23

102

6.3 aiStanderSurface Arnold 万用材质球

Arnold 万用材质是材质编辑器中最常用的材质，在材质编辑器中单击 aiStanderSurface 按钮，展开材质球属性面板，可以看到 aiStanderSurface 常用的参数。

打开场景，执行 Arnold | Lights | Area light 命令，在场景中创建区域光，单击"渲染"按钮 ，渲染场景，如图 6-24 所示，场景中所有模型在创建之处默认为 Lambert 材质。

图6-24

选中模型组并在其上右击，在弹出的快捷菜单中选择"指定新材质"选项，为模型指定 Arnold 万用材质 aiStanderSurface，再次渲染场景，效果如图 6-25 所示。

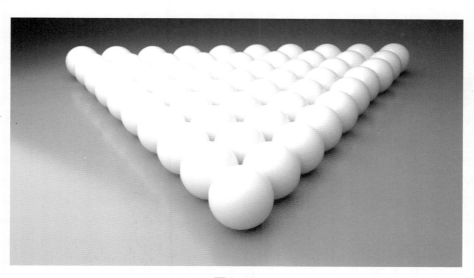

图6-25

选中场景中的结构模型，并展开属性编辑器，找到 aiStandarSurface1 材质选项卡，在选项卡中调整材质参数。

基础色彩为材质最基础的颜色属性，在 Base 展卷栏中可以调整材质最基础的色彩与光泽度，如图 6-26 所示。

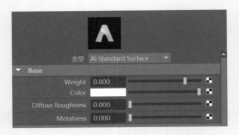

图6-26

1.Weight 权重

在 Base 展卷栏中设定材质基础颜色以及材质的光泽度，当 Weight 值设置为 0.000 时，材质球上只有对环境的光与色的反应，没有色彩投射；当 Weight 值设置为 1.000 时，结构被色彩完全覆盖，如图 6-27 所示。

 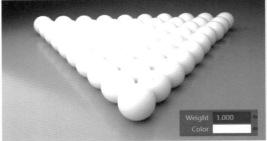

图6-27

2.Color 色彩

在 Color 选项中调整色块颜色，可以改变材质球的颜色，如图 6-28 所示。

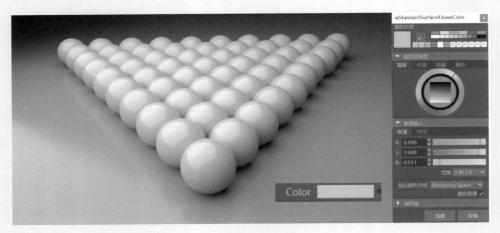

图6-28

3. 表面光泽度

Diffuse Roughness（漫反射粗糙度）与 Metalness （金属度）参数，可以为材质表面增加更多的金属光泽，如图 6-29 所示。

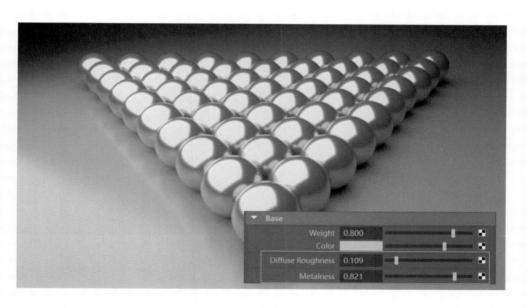

图6-29

4.Specular 高光

在 Specular（高光）卷展栏中的参数，可以控制高光色彩与高光的锐利程度，增加 Roughness 值，可以将金属球调整为磨砂球，如图 6-30 所示。

图6-30

5.Transmission 光线透射效果

光线透射默认为关闭状态，Weight 值为 0.000，要为材质增加透明效果需要增大 Weight 值。根据需要的透明程度设置 Weight 值，在 Transmission 卷展栏的 Color 与 Base 中的色彩不同，Base 中 Color 是结构的最表层色彩；Transmission 卷展栏的 Color 是当光线进入结构后，结构内部折射出来的颜色，如图 6-31 所示。

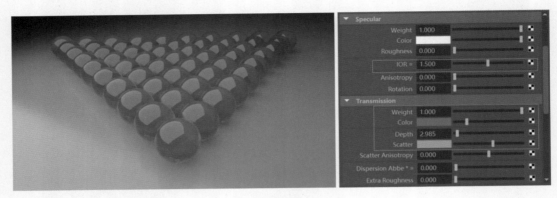

图6-31

关于透明材质的注意事项。

（1）在 Maya 中要为材质设置透明属性，需要进入"属性编辑器"的 Shape（随选中对象改变名称）选项卡中找到 Arnold 展卷栏，并取消选中 Opaque 复选框，如图 6-32 所示。

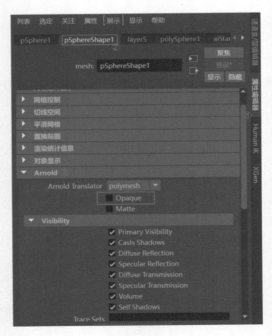

图6-32

（2）高光模块中的 IOR 折射率，对透明结构的质感也有重要的影响，如图 6-33 所示。

图6-33

6.Subsurface 次表面散射

开启次表面散射可以制作出玉石一般的混合效果,由 Scale 参数控制折射程度,当 Scale 值增加,内部折射效果会更复杂,结构透光效果也更柔和。在科技图像中常用于凝胶、胶体等材质,如图 6-34 所示。

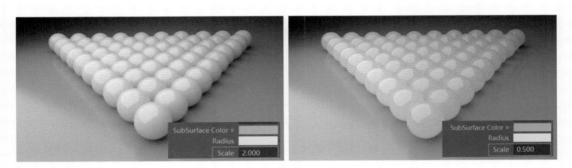

图6-34

7.Coat 油漆涂层

开启次表面散射与透明度会完全取代 Base 颜色,Coat 油漆图层会在原始色彩表面叠加一层油彩,并与之前色彩叠加共同作用,如图 6-35 所示。

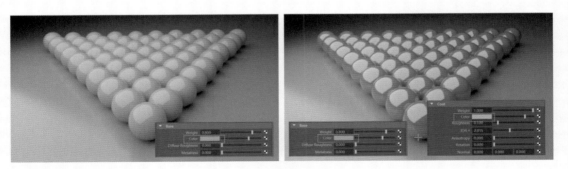

图6-35

8.Sheen 光泽度

Sheen 基于 Base 色彩以及高光等属性,为结构增加一层柔和的表层浮色效果,例如,表面沾染灰尘的效果,如图 6-36 和图 6-37 所示。表面沾染的效果取决于 Sheen 中设置的色彩。

图6-36 图6-37

9.Thin film 薄膜

　　Thin film 会在透明结构上增加厚度，产生一重折射效果，适用于类似玻璃酒瓶具有一定厚度的透明材质，如图 6-38 所示。

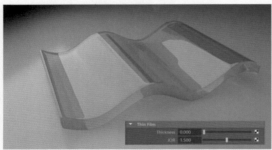
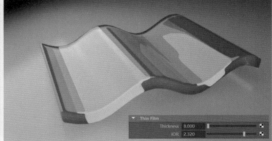

图6-38

10.Geometry 几何结构

　　Geometry 几何结构可以在原本平滑的模型结构上，通过材质渲染出具有一定立体结构感的模型。在 Bump Mapping 中链接一个需要在表面上呈现的纹理，单击 Bump Mapping 右侧的菜单按钮，为材质选择纹理变化的方式。在 Anisotropy Tangent 中设置 3 个维度的纹理深度，如图 6-39 所示。

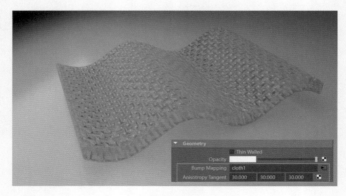

图6-39

第7章
灯光

在自然界中，光是可见的基础，有了光，才能看到万物的样子。光的首要作用是照明、可见；其次才是美观，用灯光调整阴影的方向，调控观者视角的细节。再精益求精一些，就进入了追求灯光效果的造型师、摄影师的层级，利用灯光来修饰结构，利用灯光塑造结构。

在三维软件中为了更好地模拟、还原真实世界，细致地计算了灯光在场景中的照明、色温以及光照在物体表面后，会在其上造成的散射折射现象。在传统绘画中，艺术家需要经过一定的训练，才能去捕捉光影的细节再用色彩体现在画面上。计算机软件的便利性帮助我们跳过了这个系统训练的过程，让软件来判断光对色彩的影响。

7.1　灯光的基础功能

在 Maya 中打开一个场景，创建灯光之前先单击"渲染"图标📷渲染场景，如图 7-1 所示。当前场景中没有灯光，渲染时场景中的结构无法显现，如同自然界没有光线时会一片漆黑一样。

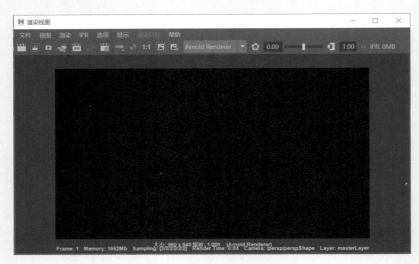

图7-1

在 Arnold | Lights 子菜单中提供了创建不同类型灯光的选项，如图 7-2 所示，利用这些灯光，不仅对场景照明有一定的作用，巧妙运用还可以为材质效果锦上添花。

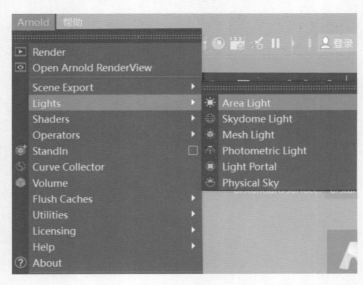

图7-2

执行 Arnold | Lights | Area Light，创建区域光，使用"位移"工具📷与"旋转"工具📷，将灯光调整到场景的斜上方，再次渲染场景，效果如图 7-3 所示。

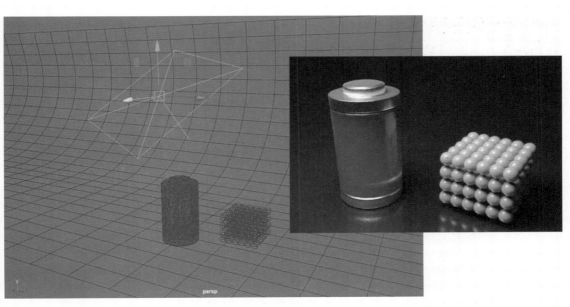

图7-3

7.1.1　光照强度与曝光度

　　进入灯光属性编辑器，其中默认灯光的强度值（Intensity）为1.000，曝光度值（Exposure）为0.000。维持曝光度不变的情况下调大灯光强度数值，场景中只有高光增强而场景整体亮度依然不足。维持灯光强度不变，提高曝光度可见场景整体被清晰呈现出来，如图7-4所示。

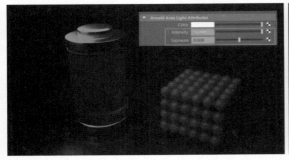

图7-4

7.1.2　Spread 扩散

　　当灯光扩散值（Spread）为0.000时，在场景中呈现边缘锐利的探照灯效果，增加扩散值可以适当让灯光变得柔和，甚至不会意识到场景中有刻意的照明效果，这种照明方式在绘图中比较常用，如图7-5所示。

111

图7-5

7.1.3 圆滑与柔边

区域光默认为方片形状的光源，调整圆滑值（Roundness），可以将方形的光源调整为较圆润的形状，当圆滑值为最大的 1.000 时，为正圆形。柔边值（Soft Edge）可以将灯光外轮廓柔化，如图 7-6 所示。

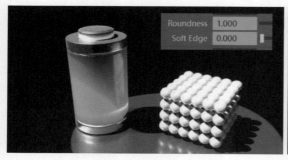

图7-6

提示

柔边值（Soft Edge）只是柔化了灯光的轮廓，灯光打在物体上获得的阴影依然锐利，而扩散值（Spread）则是从光源到物体的阴影都会扩散、柔化。

7.1.4 阴影

在 Maya 中默认物体的阴影由物体与灯光之间的距离、物体与灯光之间的夹角共同作用，当场景中灯光较多时，阴影会像自然界中的阴影一样有其综合性，让人难以控制。取消选中 Cast Shadows 复选框，该灯光则只产生照明，不产生阴影，如图 7-7 所示。

图7-7

阴影投射的颜色与浓密程度可以通过参数单独调整，在科技图像中比较少有非常规的怪异效果，因此，阴影的色彩与浓密程度不需要过多考虑。

Arnold 灯光的参数与 Maya 自带灯光的参数类似，在实际应用中灯光的参数设置不像材质参数那么重要，相对而言，灯光的位置和角度更重要。

7.2 实例：用场景中灯光来修饰模型效果

步骤1： 在之前的场景中调整灯光，将灯光的位置稍微拉高，远离模型对象，如图7-8所示。

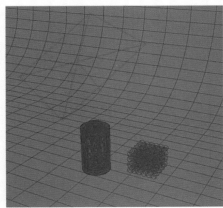

图7-8

步骤2： 再创建一盏灯，调整灯光的大小和位置，让灯光足够覆盖整个区域。这盏灯会使整个场景稍微明亮一些，让金属和原子球表面的高光不那么单调，如图7-9所示。保持默认亮度，将曝光度值（Explosure）调为10.000。

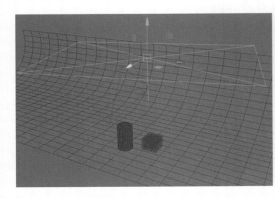

图7-9

软件小知识：利用镜头标签让镜头快速回到固定机位

调整好镜头角度后，执行"视图"|"书签"|"编辑书签"命令，如图7-10所示。

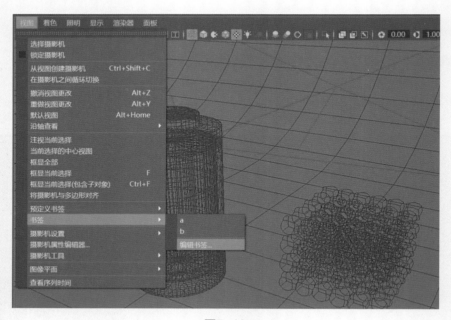

图7-10

在弹出的"书签编辑器（persp）"对话框的"名称"文本框中输入镜头名称，或者单击"新建书签"按钮，由系统自动分配书签名称，如图7-11所示。

图7-11

单击"关闭"按钮回到场景中，当场景视角发生改变后，需要回到渲染视角时，在"视图"|"书签"子菜单中选择创建的书签选项，即可回到设定的视角。

步骤3：在结构组后方补一盏灯，将结构的边缘修饰得更立体、更丰富，如图7-12所示。

科技绘图科科研论文图\论文配图设计与创作自学手册：Maya+PSP篇

114

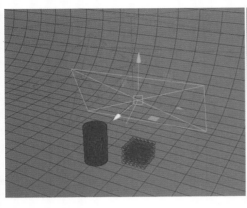

图7-12

步骤4：此时底板上的光线太强导致观者的注意力分散。执行"窗口"|"关系编辑器"|"灯光链接"|"以灯光为中心"命令，弹出"关系编辑器"对话框，如图7-13所示。

步骤5：选中第3盏补光灯，在右侧对应的"受照明对象"区域会出现受灯光影响的结构，选中pPlane1选项，断开底板和补光灯之间的光照关系，关闭"关系编辑器"对话框，再次渲染场景，效果如图7-14所示。

这样既可以保留补光灯对结构的照明效果，又避免了灯光对环境的影响。

图7-13

图7-14

第7章 灯光

115

7.3 实例：简化补光快速完成 TOC 结构渲染

使用灯光对结构进行修饰，对于期刊封面图来说是比较重要的，调整灯光的位置和强度需要对光和空间有一定的理解，对工作繁忙的科学家来说，这样操作有些烦琐，下面讲述使用 Maya 中的环境灯光进行快速补光的方法。

在自然界中，每天最主要的光源来自太阳，阳光经过大气层产生多层折射，在我们生活的环境中生成了柔和且来自多个角度的光效；Maya 在 Arnold 灯光选项卡中提供的 Skydome Light 和 Physical sky，可以在场景中模拟一个自然界中阳光的照明感，无须考虑灯光照射的角度，只要调整灯光位置就能让场景中的模型可见，且具有比较丰富的光影效果。

步骤1： 打开场景，执行Arnold | Lights | Skydome Light 命令，增加环境光，如图7-15所示。场景中会出现一个球体，这是用来包裹整个场景，360°照亮环境的球体。

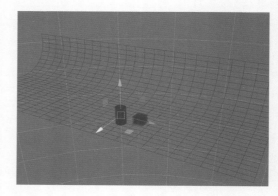

图7-15

步骤2： 选中球体，在其属性编辑器中，单击Color选项后的棋盘格图标，进入"创建渲染节点"对话框，选择"文件"选项，如图7-16所示。

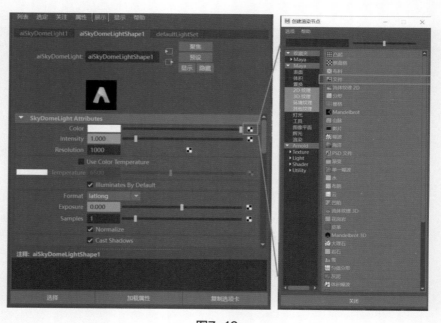

图7-16

步骤3：在"文件"材质球的属性编辑器中，单击"图像名称"选项的文件夹图标，如图7-17所示，在弹出的"打开"对话框中选择要加载的HDR贴图文件。

图7-17

步骤4：回到场景中渲染场景，可以看到如图7-18所示的效果。

图7-18

第7章 灯光

HDR文件不仅记录了画面上的影像信息，还将画面上的光线变化记录下来，作为灯光贴图使用时，HDR可以模拟自然环境中复杂的光照效果。更换HDR贴图会改变场景中元素的渲染效果，越是对环境反应强烈的材质，影响效果越明显。

7.4 HDR 贴图的使用方法

将 HDR 贴图文件赋予 Skydome Light 环境球，能为场景提供照明的图像是包含光线信息的高动态光照图，图像中包含了一定的灯光信息，这样才能在场景中通过不同亮度和曝光度，产生不同的渲染效果。

7.4.1　HDR 贴图对画面的影响

使用环境球布光比调整灯光组要容易得多，但是需要对 HDR 贴图有一定的了解。当 HDR 文件发生变化时，即使是同样的材质属性，渲染出来的效果也会有所不同，如图 7-19 所示为几组对比图。

图7-19（左侧为渲染图，右侧为HDR贴图）

7.4.2 HDR 贴图与普通贴图的区别

1. 属性区别

  HDR 文件是记载了灯光信息的图像，在 Corel Paintshop Pro 中打开 HDR 文件，可以看到如图 7-20 所示的可控制的灯光信息，可以调整其光照的强度、色温等，普通的图像中不具备灯光控制选项。

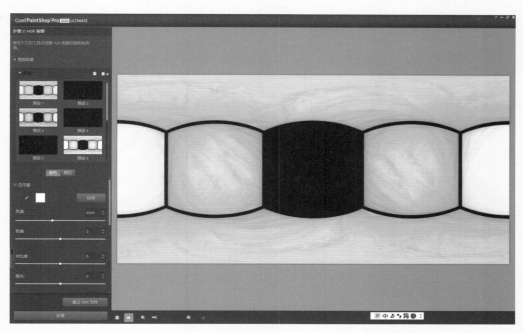

图7-20

2. 功能区别

  将同一张图像的 HDR 版本和 JPG 版本分别赋予环境球，通过渲染可以发现，JPG 图像同样能将整个场景照亮，而在 HDR 版本的渲染中，结构和场景都具有更细腻的光感，JPG 版本的场景中只是整体被均匀照亮，如图 7-21 所示。

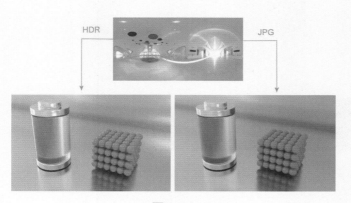

图7-21

7.4.3　关闭 HDR 可见渲染的方法

　　如果单独渲染元素，关掉当前场景中用来作为衬底的底板模型，此时会发现 HDR 贴图会被同时渲染，如图 7-22 所示。这对于一些需要渲染后再进行合成的图像来说，后续的工作会很麻烦。

图7-22

　　选中场景中的环境球，展开环境球属性编辑器，将 Camera 值设置为 0.000，如图 7-23 所示，再次渲染场景，此时画面中的背景为纯黑色。

图7-23

　　在"渲染视窗"中将图像存储为 png 格式文件，可以得到背景透明的图像，这样再进行后期处理会非常方便。

第8章
高质量输出与合成

渲染输出是三维软件特有的成果输出方式，在 Office 办公软件中，工作完成后只需要进行保存；在二维软件中，工作完成后需要导出图像；而在三维软件中，调试好一切结构参数之后需要进行渲染，才能获得最终的图像，有些图像在渲染后，还需要进入二维软件合成才能获得最终的画面效果。

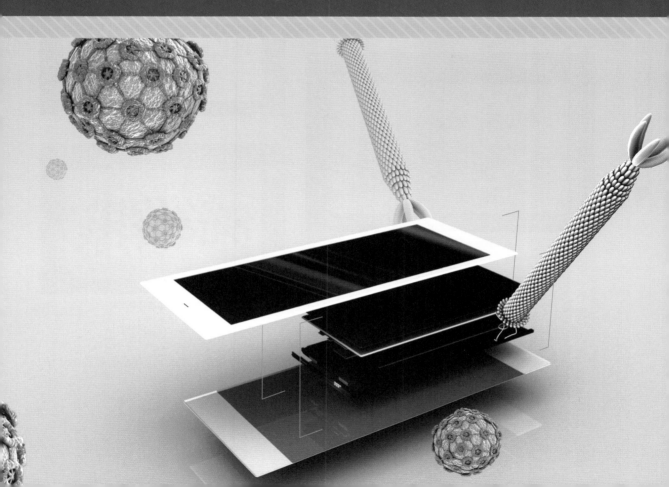

8.1 渲染输出与渲染器的概念

渲染作为一种特殊的技术手段分为两种——即时渲染和非即时的渲染。可以将它们简单理解为：打开软件进入三维空间中，软件对空间中的模型提供真实的操作感和空间感，这是因为软件在不断进行即时渲染，也称为 GPU（显示卡）渲染。这种即时渲染为用户营造了一种假象——在操作一个立体的对象，且能不断变换观察视角，从每个视角来塑造这个对象。实际上，每次调整角度计算机都在重新计算光影和对象之间的遮挡关系。

在软件中的实时操作是随着操作呈现，并随时响应互动变化的。在软件中为了降低计算机的负担，实时渲染的模型经常呈现最简单的状态，不加载灯光、材质甚至透明等属性，只有最终确定了镜头的角度，将它渲染成为最终效果时，才会计算其灯光反射、折射、材质等属性。渲染是三维软件最终获得图像的唯一方式，当场景中模型构建完成后，场景呈现在画面上的美感主要取决于渲染的效果。渲染器能在多大程度上满足设计师的需求，让材质和灯光在最终呈现的最好的状态是渲染器之间的差异所在。

Maya 自带了硬件渲染器和软件渲染器，为了让渲染效果更好，Maya 还集成了一些表现优秀的渲染器。例如，TURTLE（海龟）渲染器、Arnold 渲染器，还有一些可以加载的渲染器插件，同样的结构，同样的材质，在不同渲染器中渲染会出现不同的视觉效果，如图 8-1 所示。

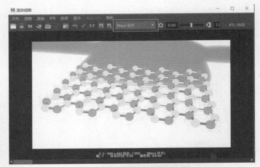

Maya自带渲染器渲染效果

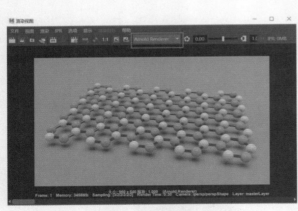

Arnold渲染器渲染效果

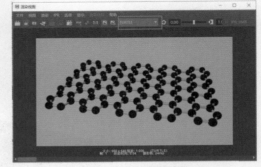

TURTLE渲染器渲染效果

图8-1

在 Maya 中，渲染作为单独的模块存在，在模式切换区中切换到"渲染"模式，菜单会随之发生变化，如图 8-2 所示。

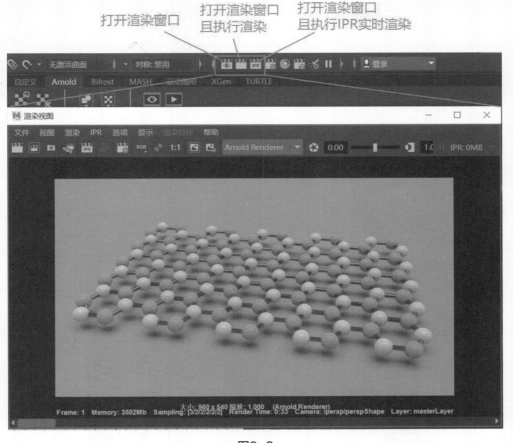

图8-2

8.1.1 渲染快捷图标

Arnold 从 Maya 2017 开始取代了 Mental Ray 成为 Maya 内置的渲染器，它也是一款高级 Monte Carlo 光线跟踪渲染器。软件安装之后 Arnold 自动会出现在软件菜单和工具架上，展开 Arnold 菜单可以看到，Arnold 自带了灯光、材质、渲染预览窗口。出于习惯，Maya 自带渲染窗口设置也是最常用的渲染设置，所以还是结合 Maya 常规渲染来看渲染器的相关设置，如图 8-3 所示。

图8-3

"显示渲染图像" ：打开渲染窗口调出"渲染视图"选项卡，视图中呈现的渲染图像是之前一次渲染的图像画面，渲染器并不会进入工作状态。

"渲染当前帧" ：打开渲染窗口并渲染当前激活视图中的图像，单击该按钮后，渲染器进入工作状态，当渲染窗口蓝色遮挡区域完全消失，在视图下方出现渲染文字信息时视为渲染完成。

"以 IPR 的方式渲染当前帧"：打开渲染视图，并以 IPR 方式渲染当前激活视图中的图像。开启 IPR 方式之后，调整场景中的镜头和参数，在渲染窗口中会实时渲染调整后的画面。

"渲染设置窗口"：用于打开"渲染设置"对话框，如图 8-4 所示。

"在以下渲染器渲染"下拉列表中可以再次确认选定的渲染器，或者切换渲染器。在"图像大小"卷展栏的"预设"下拉列表中，可以选择预设的图像尺寸，此时图像的宽度、高度和分辨率会随之改变。如果预设中没有所需的图像尺寸，可以在下方"宽度"和"高度"文本框中输入所需的图像尺寸及分辨率。

完成设置后，单击"关闭"按钮，回到场景中，会看到摄像机镜头的分辨率框和渲染视窗中的图像尺寸会随之发生变化。

图8-4

8.1.2　导出渲染图像

在渲染视图中渲染完成，图像下方会出现与渲染相关的文字信息后，在图像上右击，在弹出的快捷菜单中，选择"文件"|"保存图像"命令，如图 8-5 所示。

图8-5

124

科技绘图科研论文图:论文配图设计与创作自学手册：Maya+PSP 篇

提示

如果是首次保存图像，需要先单击"保存图像"选项右侧的小方块图标，进入"保存图像选项"对话框，选择"已管理颜色的图像-视图变换已嵌入"单选按钮，如图8-6所示，否则图像会出现色彩昏暗的问题。

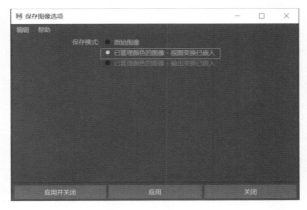

图8-6

在初次设置后，每次直接保存图像，选择存储格式即可。将图像导出为带有透明通道的png格式文件，可以让后期合成更方便。

8.2 节省图像渲染时间

渲染是比较耗费时间的工作，越是质量高的渲染设置越耗费时间，而材质和灯光进入最后的调整阶段，需要通过渲染才能明确可以得到的效果，此时就需要反复渲染，反复调整，如果设置不当，其所耗费的时间可想而知。

8.2.1 缩小图像比例渲染法

在场景初步构建，要确定场景中元素的材质、色彩、构图是否合理时，可以使用降低测试分辨率的方法以节省渲染时间。在渲染视图菜单的"选项" | "测试分辨率"子菜单中，选择比例较低的分辨率进行测试渲染，如图 8-7 所示。降低之后的画面大小和质量虽然有所降低，但是画面上的效果还是可以展现出来的，适合在调整过程中使用。

8.2.2 确定细节的局部渲染法

当图像框架确定后需要针对画面局部细节进行优化时，降低图像百分比会导致看不清细节，此时可以在画面上框选希望渲染的区域，单击渲染视图中的"渲染区域"按钮■，只渲染选框内的部分图像，如图 8-8 所示。当细节确认好后，再进行最终的渲染出图。

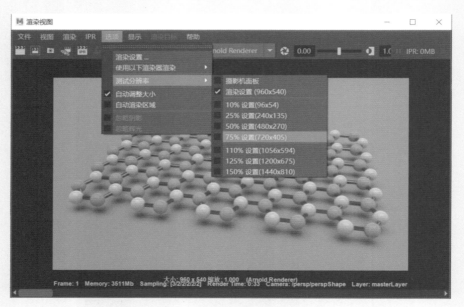

图8-7

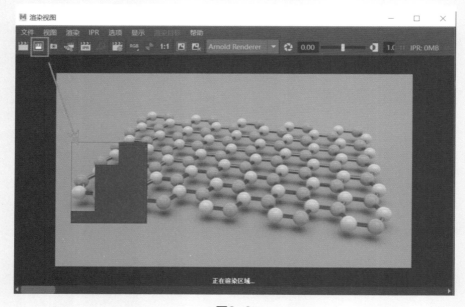

图8-8

8.2.3　临时存储渲染图像

　　在渲染视图中单击"保存图像"按钮![], 可以将渲染的图像临时存储在渲染视图中, 拖曳渲染视图下方的滚动条, 可以查看之前存储的图像版本, 以方便对各个版本的图像进行对比, 如图 8-9 所示。

图8-9

对于不需要的图像版本，可以将滚动条放在该图像版本上，单击"移除图像"按钮，将其删除。

在渲染视图中存储的图像只是临时存储，当重启软件后，临时存储的渲染图会被全部删除。要将图像妥善存储，还是需要用图像导出的方式保存。

8.3 Corel Paintshop Pro 对图像合成的帮助

Corel Paintshop Pro 简称 PSP，是 Corel 公司推出的图像合成软件，其集成了图像色彩修正、图像结构优化等功能。本书以 PSP 为例，讲述三维图像渲染之后的元素合成操作方法。因为可以胜任图像合成的软件很多，所以在学习过程中主要关注思路与合成逻辑，重点关注三维渲染输出的图像为什么需要修正，需要修正哪些地方，修正到什么程度可以获得什么样的效果。在本书的第 9 章"综合应用实例"中，也以 PSP 的操作为主，在本节先简单讲述 PSP 的界面分布和功能，为后面的学习奠定基础。

8.3.1 软件初始界面

在 PSP 初始的"新建图像"对话框中，提供了大量按照预设情景设定的规格选项，在科技图像领域常见的期刊封面尺寸为 A4 或者美版的 A4 US letters。选中预设选项后，可以看到已经设定好的宽度、高度和分辨率。如果希望画布不含背景色，可以选中"透明"复选框，如图 8-10 所示。

图8-10

8.3.2 软件操作界面

  PSP 软件操作界面分为几个功能区，如图 8-11 所示。其主要操作区为画布区，左侧的工具盒中收纳常用的操作工具，选择对应工具时，在顶部的快捷操作区会随之出现对应的控件。右侧是图层区及与色彩控制相关的参数设置选项。

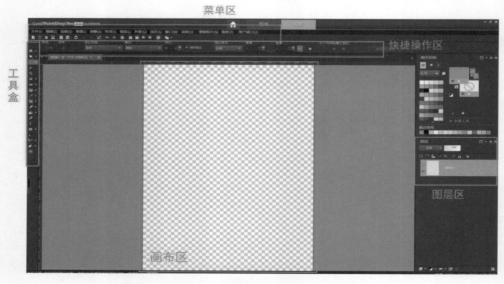

图8-11

科技绘图 科研论文图 论文配图设计与创作自学手册：Maya+PSP 篇

8.3.3 调整元素在画布上的位置

选中工具盒中的"挑选"工具 ▣，并选中画布上的元素，使其处于可以被调整的状态，如图8-12所示。

1. 调整大小

确保顶部快捷区中的"模式"状态为"比例"，如图8-13所示。

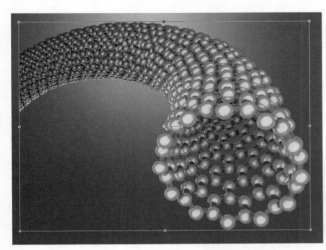

图8-12 图8-13

将鼠标指针移到控制器顶角的控制柄上，此时鼠标指针会变成双向箭头形状，单击并拖曳可以等比例缩放图像，如图8-14所示。

2. 调整角度

将鼠标指针移到控制器外围并变成弧线箭头时，单击并拖曳可以调整图像的角度，如图8-15所示。

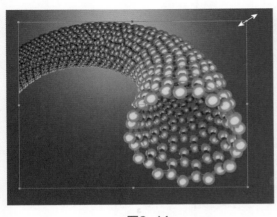

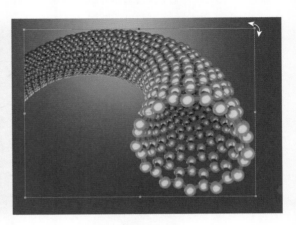

图8-14 图8-15

将鼠标指针靠近中心控制柄，当其变为旋转样式时，如图8-16所示，单击并拖曳也可以起到旋转图像的作用，如图8-16所示。

图8-16

3.调整透视

将快捷区中"挑选"工具的"模式"切换到"透视",或者按住 Ctrl 键切换到透视状态,如图 8-17 所示。

图8-17

当鼠标指针接近顶角控制柄时,会出现四向箭头及透视图标,如图 8-18 所示,单击并拖曳顶角控制柄,可以让图像按照透视关系,发生近大远小的比例变化。

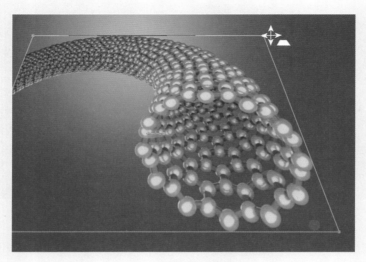

图8-18

8.3.4　为元素修正色彩

在三维软件中渲染的元素或多或少都需要经过二维软件的合成优化，才能更好地融合或者产生更好的效果，而且在三维软件中调整色彩要受环境与灯光的影响，在微调环节二维软件中的色彩更改与调整功能，比三维软件中更直观、便利。PSP 中有多种色彩调整功能，可以实现简单到复杂的校色校正。

1. 智能校色

选中要调整颜色的元素，执行"调整"|"智能型相片修复"命令，弹出"智能型相片修复"对话框，在该对话框图像区域的左侧为原始图像，右侧为调整后的色彩效果，如图 8-19 所示。

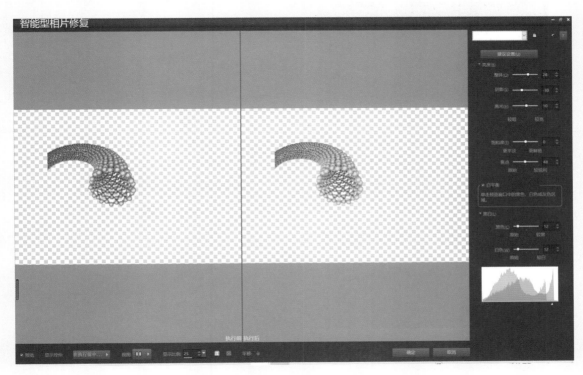

图8-19

在"智能型相片修复"对话框中，可以对图像的明暗、饱和度等进行优化调整，单击"建议设置"按钮，查看软件推荐的优化方案。

2. 用"曲线"调整图像亮度

在"调整"|"亮度与对比度"子菜单中，集合了与图像亮度与对比度相关的调整命令，如图 8-20 所示，调整亮度可以帮助画面优化明暗比例，在三维软件中曝光不足和曝光过度的问题都可以通过调节亮度进行修正。

执行"调整"|"亮度与对比度"|"曲线"命令，弹出"曲线"对话框，在该对话框的"设置"下拉列表中可以选择系统预设的调整选项，如图 8-21 所示。除此之外，还可以通过改变曲线上的锚点位置，调整曲线状态改变图像的亮度。

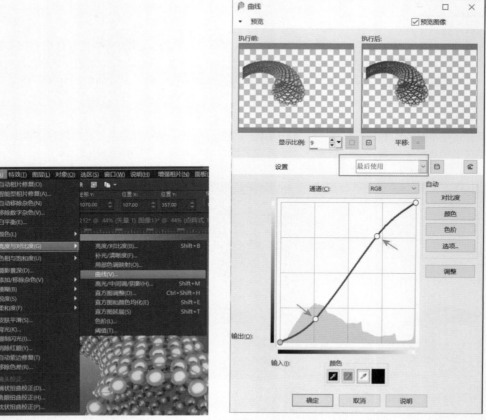

图8-20　　　　　　　　　　　　　　　图8-21

3. 用"色相与饱和度"调整图像色彩

在"调整"｜"色相与饱和度"子菜单中集合了与图像色彩相关的调整命令，如图 8-22 所示，使用色相与饱和度调整命令，可以改变画面上已有的色彩，比在三维软件中修改材质色彩更容易看到实际的色彩效果。

图8-22

执行"调整"|"色相与饱和度"|"色相/饱和度/明度"命令,弹出"色相/饱和度/明度"对话框,在该对话框中调整"色相"值可以改变图像的色相,如图8-23所示。

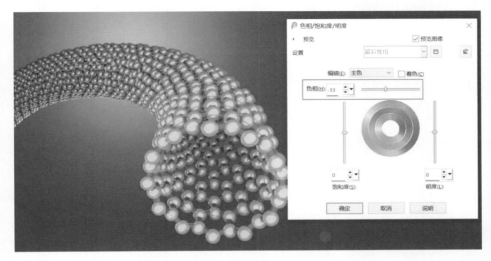

图8-23

精通PSP的色彩调整方法,在很多时候可以提升图像处理的工作效率,快速完成图像的修正工作,免去一遍一遍在三维软件中渲染的时间。

8.3.5 图层管理

在PSP中,每个拖曳到画面上的元素都会自动新建一个图层,使用"工具盒"中的"文本"工具 ,或者"钢笔"工具 ,在画布中输入文字或绘制图像时,也会自动新建图层。

1. 矢量图层

在PSP中按照图层中元素的属性划分为矢量图层和栅格图层,矢量图层中的图像保持其矢量属性,可以按照矢量图像的调整方式,通过编辑锚点进行调整,如图8-24所示。

图8-24

2. 栅格图层

在PSP中，调入的位图元素会自动匹配新建栅格图层，栅格图层需要采用符合位图的编辑方式，例如，用"索套"工具框选部分位图并复制，或者用"橡皮擦"工具在图层上擦出不同深浅的景深效果，如图8-25所示。

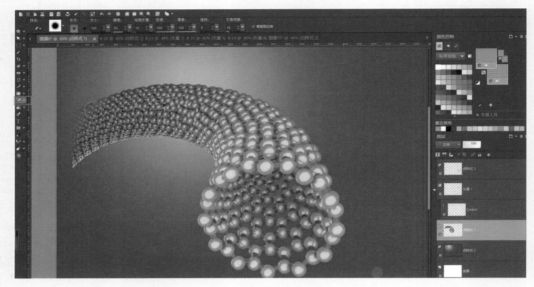

图8-25

8.3.6　用画笔工具为科技图像增加装饰

工具盒中的"画笔"工具 ✎ 可以绘制位图笔触效果，在"画笔"工具的快捷操作区，可以通过更换画笔预设模式改变画笔绘制的效果，如图8-26所示。

图8-26

PSP 在笔刷的预设中提供多种笔刷效果，可以为画面增加常见的效果。例如，选择气泡笔刷，在画布中单击并拖曳可以为画面增加气泡效果，如图 8-27 所示。

图8-27

8.3.7　图层叠加与图层特效

1. 图层叠加

在图层区的叠加方式下拉列表中选中不同的叠加方式，可以让当前图层与下层图层及背景图层产生色彩混合效果，以获得更好的画面融合效果，如图 8-28 所示。

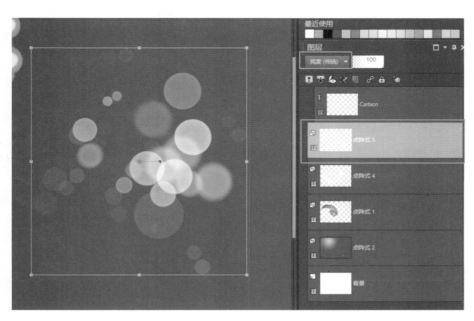

图8-28

2. 图层特效

在图层上双击, 弹出"图层内容"对话框, 进入"图层样式"选项卡, 选中"外发光"复选框, 调整"柔边"和"不透明度"值, 并设置发光颜色, 可以为图像元素增加外轮廓的光晕效果, 如图 8-29 所示。

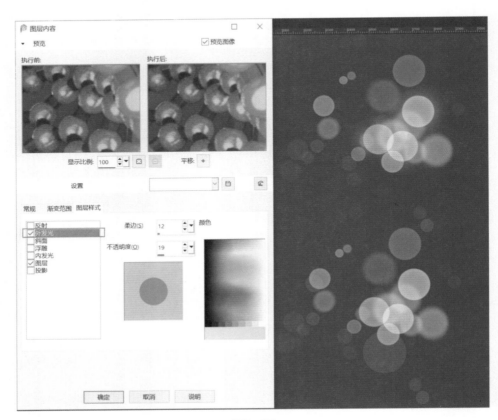

图8-29

8.3.8　存储与导入文件

1. 图像存储

执行"文件"|"存储文件"或者"文件"|"存储为新文件"命令, 将 PSP 文件存储为 *.PSPimage 工程文件, 可以在后续工作中再次打开该文件并继续编辑。在文件格式选项中选择 *.JPG 或者 *.PNG, 可以将文件存储为通用的图像格式。

2. 图像导入

执行"文件"|"打开旧文件"命令, 可以打开已经存储的 *.PSPimage 文件, 继续进行编辑。

在文件架中选中图像文件, 并拖入 PSP 软件的图层区, 可以在当前画布上作为图层元素导入。

第9章
综合实例

前文已经对 Maya 的各个模块，针对一些常见、常用的指令进行了相对较为详细的对比讲解，本章将通过材料、微生物、器件等多个方面的实例，将前面学习的指令融会贯通，综合讲解这些功能在科技图像设计中的使用方法。

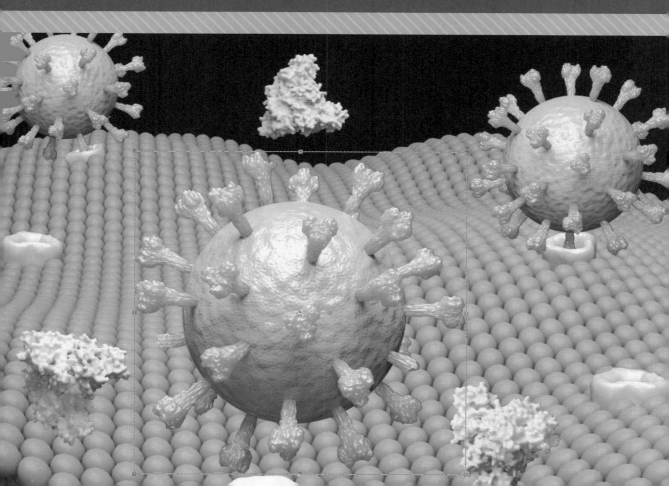

9.1 电池结构项目设计

设计项目分析： 该项目需要阐述固态电池压力增大，对内部锂离子运动影响的原理，画面中需要传递出外力、内部结构变化、运动对比等。

软件技术分析： 当前设计使用的是 Maya 最简单、最基础的模型构建方法，并结合 PSP 的简单处理。画面中大多使用多边形基本体，不需要用更高级的技术，再配合使用基础材质，可以获得非常好的画面效果。

步骤1： 新建场景，单击顶部快捷区的"渲染设置"图标▦，弹出"渲染设置"对话框，将渲染画布设置为最终需要的画布尺寸，具体参数如图9-1所示。

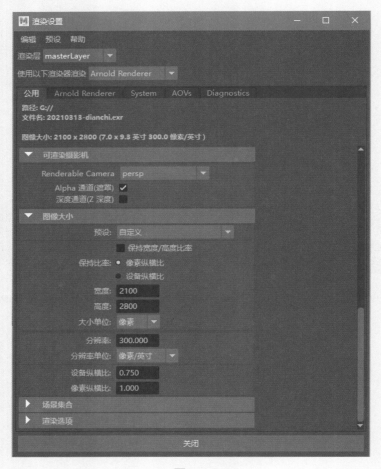

图9-1

步骤2： 执行"创建"｜"多边形基本体"｜"圆柱"命令，创建圆柱体，调整圆柱体的高度，如图9-2所示。该圆柱体先作为电池外轮廓，为其他结构起定位作用。

步骤3： 在圆柱体上右击，在弹出的快捷菜单中选择"指定新材质"选项，如图9-3所示，在展开的材质创建菜单中选择Arnold｜aiStandarSurface命令。

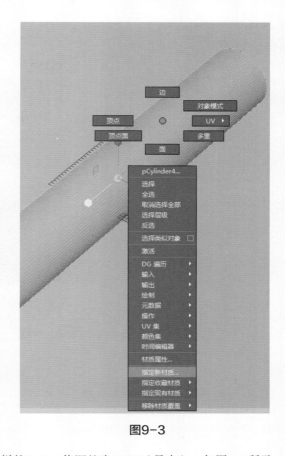

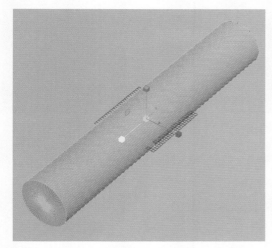

图9-2

图9-3

步骤4：将材质属性中Transmission（透明度）卷展栏的Weight值调整为1.000（最大），如图9-4所示。设置好材质属性后，创建图层，将圆柱体放在 [V | P | T | ✓ yuanzhu] 图层中，将图层状态切换到T（锁定）状态。

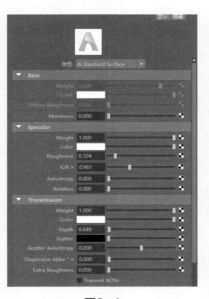

图9-4

步骤5：执行"创建"|"多边形基本体"|"立方体"命令，创建立方体，并为立方体指定材质，如图9-5所示。

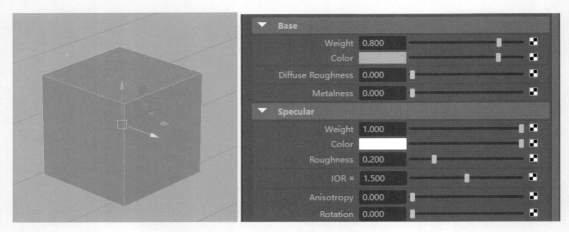

图9-5

步骤6：按3键，使立方体圆滑显示，如图9-6所示。因为立方体圆滑显示时比直接用球体的面数少，可以帮助系统减轻运算负担。

步骤7：采用同样的方法制作粉色球体，并复制两种球体制作球体堆积的效果，如图9-7所示。注意：复制的球体不要放置在圆柱体之外。

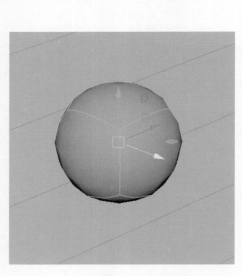

图9-6

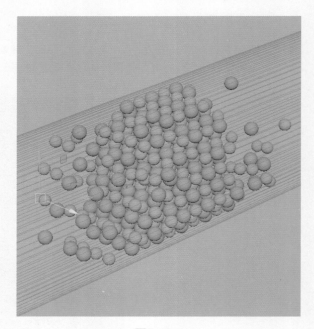

图9-7

步骤8：执行Arnold | Lights | Area Light 命令，为场景创建两盏灯光，如图9-8所示。

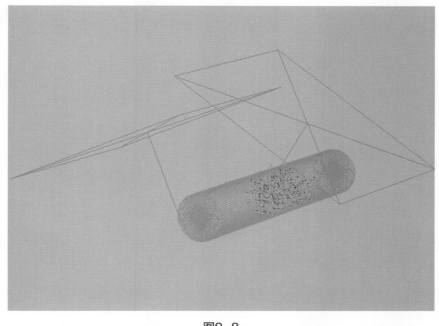

图9-8

步骤9：按住Alt键，调整到合适的镜头角度，单击"渲染"按钮▦，渲染场景，效果如图9-9所示。

图9-9

第9章 综合实例

步骤10： 执行"创建"|"多边形基本体"|"平面"命令，在场景中创建衬底平面，并为衬底平面指定材质，如图9-10所示。

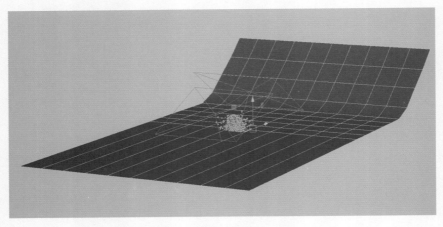

图9-10

步骤11： 打开前面锁定的 V P T yuanzhu 图层，再次渲染场景，如图9-11所示。衬底对光及投影的反应为画面增加了层次感。

图9-11

步骤12： 创建比之前创建的圆柱体直径略小的圆柱体，执行"网格工具"|"插入循环边"命令，在圆柱体上增加几条循环边，如图9-12所示。

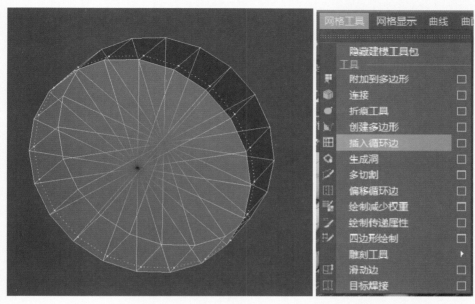

图9-12

步骤13： 调整好两端圆柱体的位置后进行渲染，效果如图9-13所示。因为在两端填充的圆柱体中设置了透光玻璃的属性，所以有些颗粒与圆柱体重合之后会形成自然的折射效果。

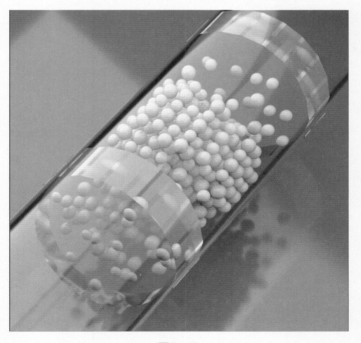

图9-13

在 Maya 中制作电池结构的工作基本完成，在渲染中也呈现出了一定的画面感，但根据内容需要，还需要为画面增加一些其他的元素，这就需要使用 PSP 完成了。

步骤1： 在PSP中打开图像，为图像增加标题模板，如图9-14所示。

步骤2： 用"选择"工具▶选中渲染图层，执行"调整"|"亮度与对比度"|"曲线"命令，在"曲线"对话框中，添加并拖曳曲线上的锚点，增加画面对比度，如图9-15所示。

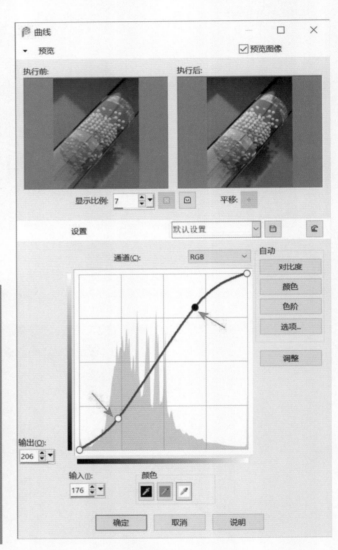

图9-14   图9-15

步骤3： 用"椭圆"工具◉，在画面上绘制正圆形，如图9-16所示。

步骤4： 用"减淡"工具◉在正圆形左上方修饰高光效果，用来表示运动中的锂离子。在PSP软件中绘制的正圆形与在三维软件中绘制的球体相比更单薄、轻盈，反差大，在画面中容易吸引观者视线，如图9-17所示。

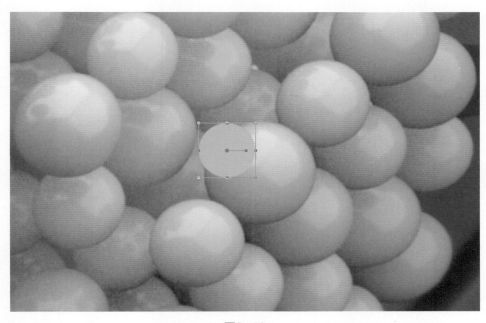

图9-16

图9-17

步骤5： 在画好的正圆形图层上双击，弹出"图层内容"对话框，在其中为锂离子增加"外发光"与"内发光"特效，并将发光颜色调整为亮蓝色，如图9-18所示。

步骤6：复制锂离子，为边缘的锂离子增加拖尾效果，形成与内部锂离子的反差，如图9-19所示。

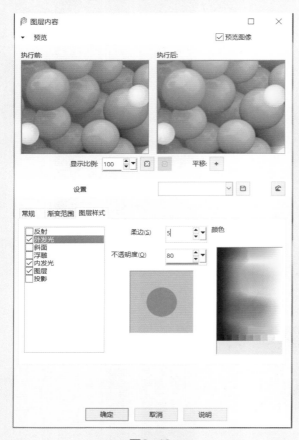

图9-18

图9-19

在当前画面中可以看出结构的反差和运动，但是外部力量即电池的压力不能从电池两端塞口的塞子上体现出来，需要将画面信息进一步强化。

步骤7：再次回到Maya软件中，为电池两端加上两个表现压力的"小人"，"小人"推动的动作有助于诠释外部的压力，将抽象的力变成更形象化的画面。根据动作稍微调整镜头视角，如图9-20所示。

图9-20

科技绘图科研论文图.论文配图设计与创作自学手册：Maya+PSP 篇

步骤8： 将渲染后的图像再次调入PSP，并调整锂离子的位置，最终效果如图9–21所示。

图9–21

9.2 器件结构项目设计

设计项目分析： 该项目希望阐述一种纳米级材料的批量化生成方式，需要在画面中体现出柔性膜材料的柔软性，以及生成方式简易、便捷的属性。

软件技术分析： 当前设计使用了 Maya 多边形建模常用的挤压与曲面放样功能，对模型整体叠加使用了一些变形器的效果，后期处理的工作非常少，画面整体简单、大气。

步骤1： 创建新场景，并导入一个电池结构模型，如图9–22所示。

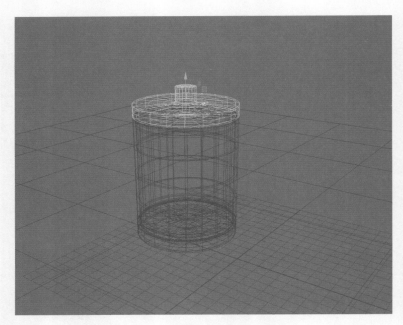

图9-22

步骤2：执行"创建"|"曲线工具"|"CV曲线"命令，在侧视图中创建曲线，如图9-23所示。回到透视图，并调整好曲线的位置。

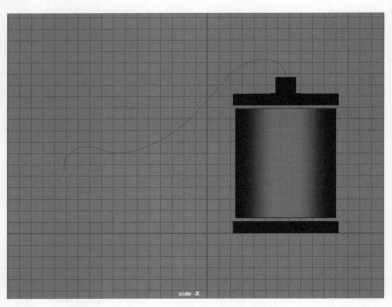

side -X

图9-23

步骤3：执行"创建"|"NURBS基本体"|"圆形"命令，创建圆形曲线，在场景中调整好圆形与曲线的位置，先选中圆形再选择曲线，执行"曲面"|"挤出"命令，得到挤出的对象，如图9-24所示。

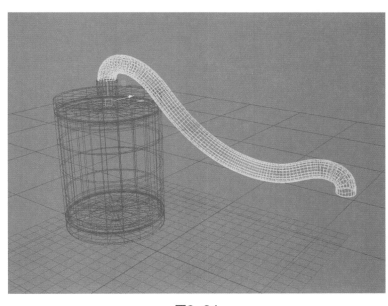

图9-24

步骤4：在右侧的"通道盒"中找到polyExtrudeFace27展卷栏，展开后将"锥化"值修改为0.2，如图9-25和图9-26所示。

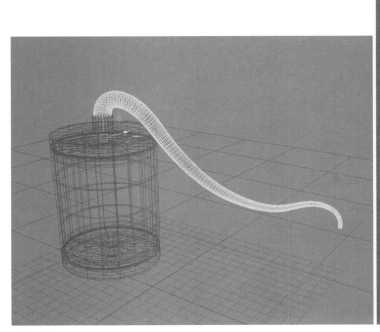

图9-25

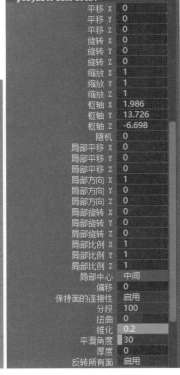

图9-26

步骤5：执行"创建"|"多边形基本体"|"立方体"命令，创建立方体，在"通道盒"的PulyCube卷展栏中，将立方体分段值改为2，如图9-27所示。

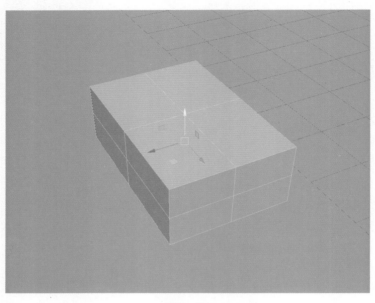

图9-27

步骤6：在"建模工具箱"中单击"面选择"工具按钮 ⬚，按住Shift键，同时选择顶部的4个面，在"建模工具包"中选中"挤出"工具 ⬚，调整x轴和z轴的缩放比例，如图9-28所示。

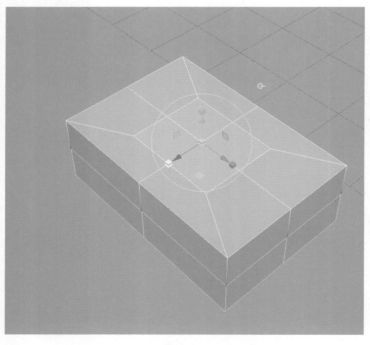

图9-28

步骤7： 再次单击"挤出"工具按钮 ⚙，沿y轴拖曳挤出高度，如图9-29所示。多次执行"挤出"操作后的结构如图9-30所示。

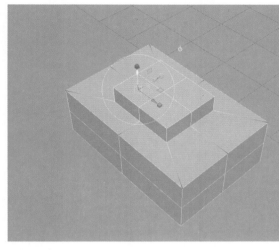

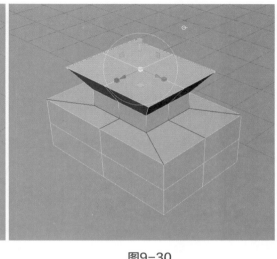

图9-29 图9-30

步骤8： 在"建模工具包"中选中"边选择"工具 ▦，再选中如图9-31所示的结构边缘线，执行"倒角"命令，将"分数"值设置为0.05，"分段"值设置为2，如图9-32所示。

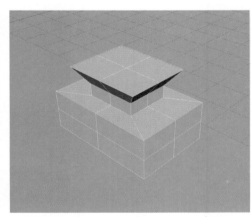

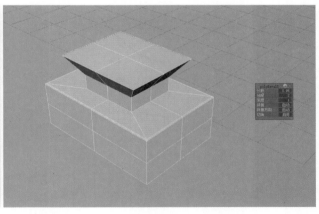

图9-31 图9-32

步骤9： 对结构底部的几条结构性外轮廓，分别执行步骤8的操作，如图9-33所示。

步骤10： 按3键平滑显示，效果如图9-34所示。

步骤11： 将制作好的结构与挤出的管道连接，并调整好位置。在结构上右击，在弹出的快捷菜单中选择"指定新材质"选项，如图9-35所示，在展开的材质选项列表中选择Arnold | aiStandSurface选项。

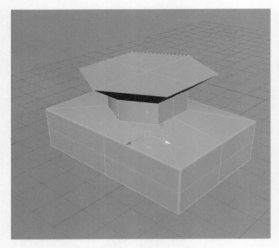

图9-33

图9-34

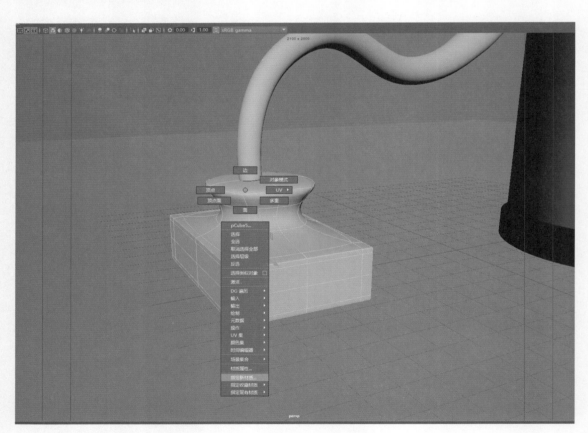

图9-35

步骤12： 在"属性编辑器"中，将指定材质参数调整为如图9-36所示的状态。

步骤13： 为连接管指定相同的材质，执行Arnold | Lights | SkyDome light 命令为场景增加灯光，并赋予HDR贴图，单击"渲染"按钮，渲染场景的效果如图9-37所示。

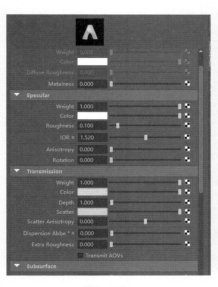

| 图9-36 | 图9-37 |

步骤14：此时的渲染效果和希望的效果还有一定的差距，所以回到场景中继续完善画面。先绘制画面中的其他结构，完成画面的整体逻辑关系。在当前画面中要制作一个"印章"，以表现创建柔性器件的概念。将器件结构及器件结构印拓的概念处理好，画面才算完整。采用立方体挤压的方式制作一个器件单体，如图9-38所示，并赋予金属材质。

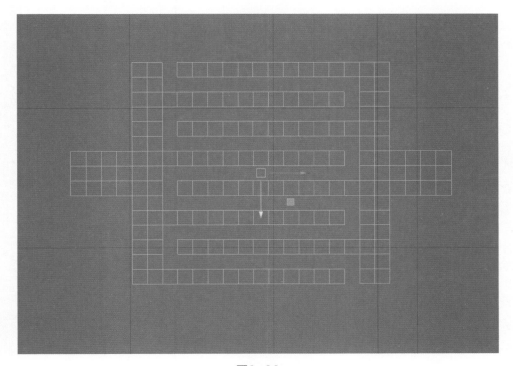

图9-38

步骤15： 作为模板的器件要稍薄一点，接下来大规模制备的印刷结构太厚会看起来笨重，不够轻柔，按快捷键Ctrl+D复制该结构，并用"缩放"工具■调整其厚度，如图9-39所示。

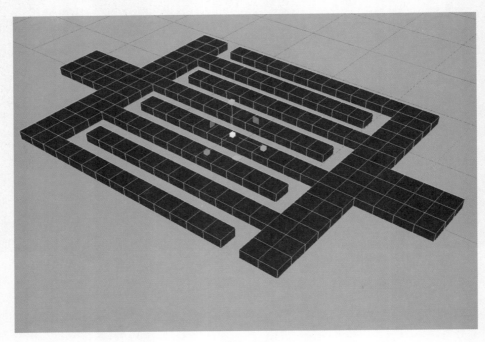

图9-39

步骤16： 大量复制该器件单元，以表现出批量化的信息概念，如图9-40所示。

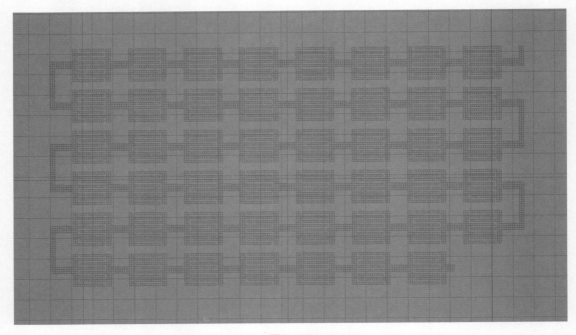

图9-40

步骤17： 创建平面基本体，并赋予薄膜材质。调整好平面的尺寸，使其覆盖所有的器件，注意为平面设置足够大的细分数，如图9-41所示。

图9-41

步骤18： 将器件与薄膜同时框选，执行"网格"|"结合"命令，将器件与薄膜合并为一个结构。执行"变形"|"非线性工具"|"波浪"命令，为结构增加"波浪"变形器，如图9-42所示。

图9-42

步骤19："波浪"变形器使元件显得足够柔软，但是会破坏印拓的概念。用"位移"工具调整变形器的位置，使变形器移出画面中心，只对整体薄膜的一个角落起作用，如图9-43所示。

图9-43

步骤20：为场景增加灯光，将Intensity（灯光亮度）值设置为10，Exposure（曝光度）值设置为2.5，让主体结构的高光部分更明亮，调整角度后渲染场景，如图9-44所示。

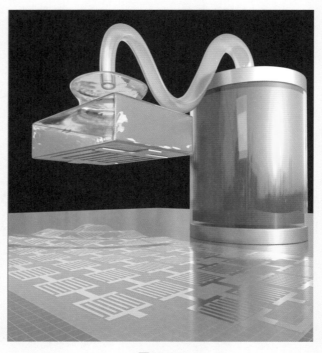

图9-44

步骤21： 在PSP中打开封面图像模板，将渲染的图像置入封面模板中，如图9-45所示。

图9-45

步骤22： 用"笔刷"工具🖌将结构中填充的液体绘制出来，如图9-46所示。直接在三维软件中制作液体，效果会显得浑浊，在PSP中用纯色绘制的方法为结构添加填充液体，效果会更轻盈、通透，绘制好后将图层叠加调整为"颜色"。

步骤23： 将纳米片拖入画布，并调整角度和位置，使其在管道中均匀分布。注意复制出来的大量纳米片不要全部使用同样的角度，稍作修改看起来会更自然，视觉上也更舒服，如图9-47所示。

图9-46

图9-47

步骤24： 调整好所有纳米片的分布之后，在图层区为纳米片生成一个图像组，并将其叠加方式调整为"强光"，如图9-48所示。

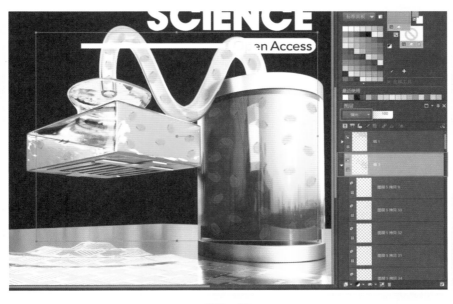

图9-48

步骤25：为图像增加渐变色背景，最终效果如图9-49所示。

图9-49

9.3 能源结构项目设计

设计项目分析：该项目讲述了一种特殊的分子结构，用这种分子结构对碳纳米管进行材料处理，并且应用于电池领域，有助于绿色能源电池的发展。为了得到较好的视觉效果，在模型方面和画面后期处理上都使用了一些特殊的技巧。

软件技术分析：设计图像看似简单，实际上用了大量的变形器来展现最后的画面效果，在模型构建方面使用了点、面调整的形态变化，操作性较强。

步骤1：新建场景，导入前文制作的长直碳管和分子结构，如图9-50所示。

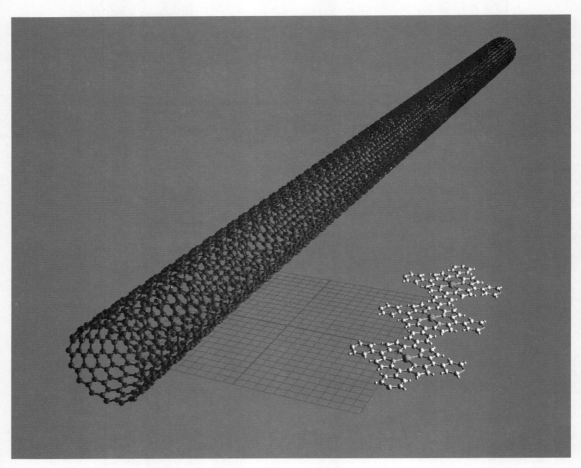

图9-50

步骤2：复制小分子结构后按快捷键Ctrl+D结组，执行"变形"|"非线性"|"弯曲"命令，为小分子群组增加"弯曲"变形器，如图9-51所示。

步骤3：复制弯曲好的小分子结构，并在整个碳管上分布，如图9-52所示。注意，复制后将最外侧的变形器调整到开放的状态，在画面上营造正在进行的感觉。

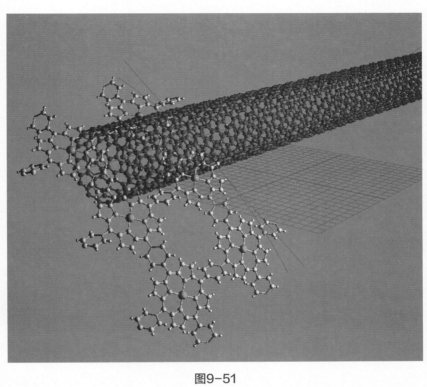

图9-51

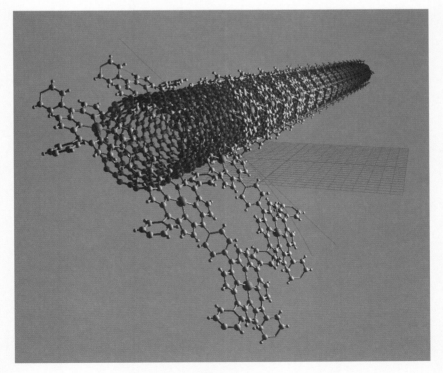

图9-52

步骤4：将包裹好的小分子与长碳管结组，并添加"弯曲"变形器，如图9-53所示。

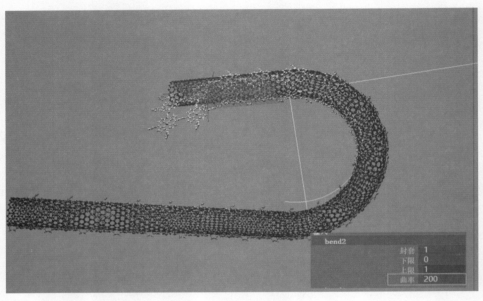

图9-53

步骤5：为碳管结构增加第2个"弯曲"变形器，并调整变形器的位置及参数，如图9-54所示。

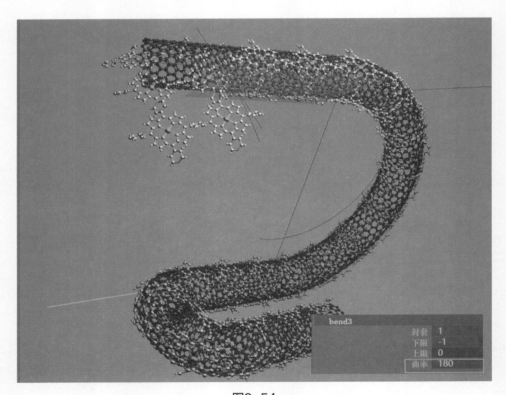

图9-54

步骤6：碳管和小分子结构基本完成，框选碳管结构和变形器，单击"图层管理器"中的 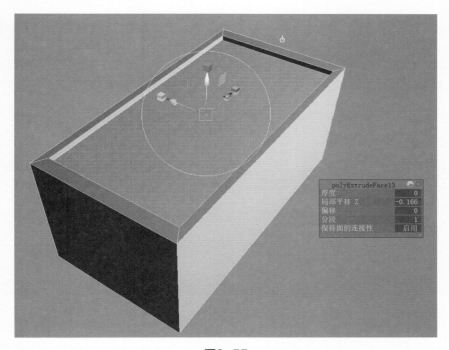 按钮，生成带指定对象的图层，将碳管与变形器一起放在图层中并锁定。执行"创建"|"多边形基本体"|"立方体"命令，创建立方体，进入"建模工具包"并单击"面选择"工具按钮，对顶面执行多次"挤出"操作 ，获得如图9-55所示的结构。

图9-55

步骤7：回到对象选择状态 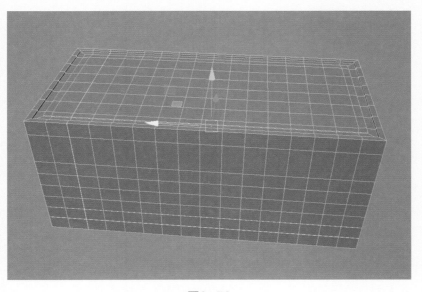，对结构执行"添加分段"命令 ，增加模型的细分数，如图9-56所示。

图9-56

163

步骤8：为了阐述从电池中延伸出来的概念，需要在电池结构上做一个拉伸的结构，在结构靠下的位置选择几个面并删除，如图9-57所示。

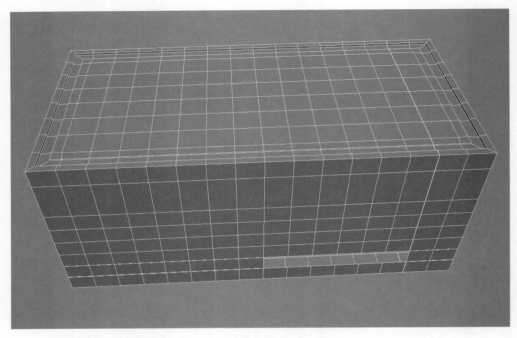

图9-57

步骤9：在挖开孔隙的位置周围选择一圈边线，如图9-58所示，用"挤压"工具挤出适当的厚度。

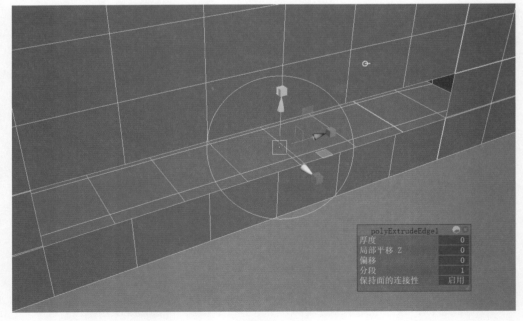

图9-58

科技绘图 科研论文图 论文配图设计与创作自学手册：Maya+PSP 篇

步骤10：选中侧边的面，再次使用"挤出"工具 挤出适当的厚度，如图9-59所示。

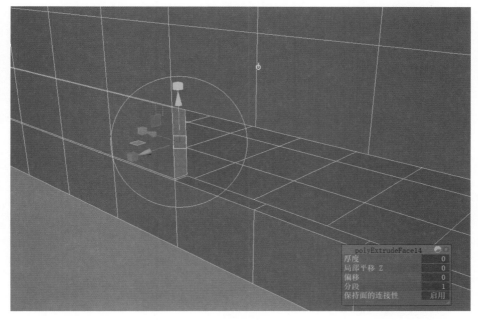

图9-59

步骤11：反复使用"挤出"工具 ，一边挤出一边调整角度和距离，如图9-60所示。

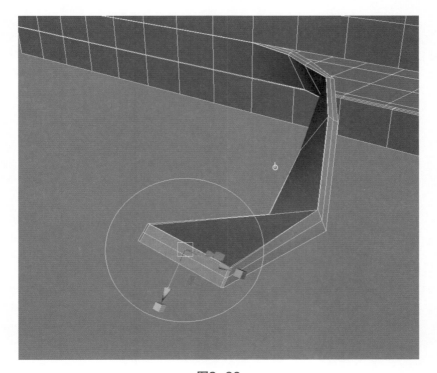

图9-60

步骤12：用环形和圆柱体工具，为电池增加正负极结构，如图9-61所示。

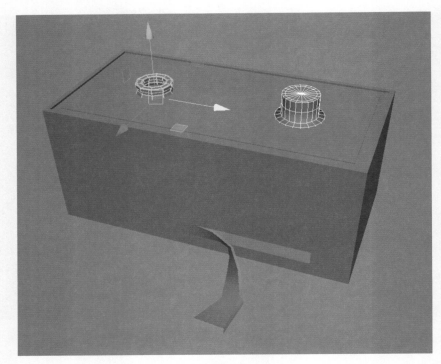

图9-61

步骤13：执行"创建"｜"多边形基本体"｜"立方体"命令创建立方体，以点选择的方式调整立方体的形态，使其顶部收缩，底部扩展，接近三角形，如图9-62所示。执行"编辑网格"｜"添加循环边"命令，为结构增加细分线段。

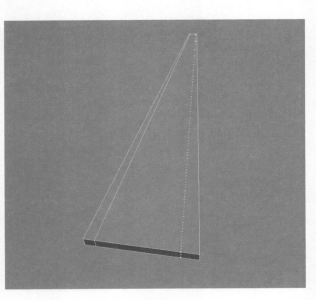

图9-62

步骤14：执行"变形"|"非线性"|"正弦"命令，为结构增加"正弦"变形器，如图9-63所示。

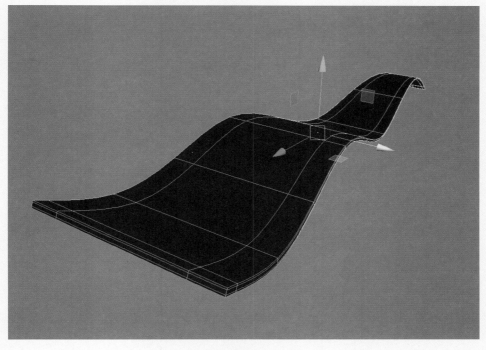

图9-63

步骤15：复制多个波浪结构，适当改变宽度后，赋予不同的材质，再为每个波浪结构增加不同的弯曲效果，如图9-64所示。波浪与电池的接口处大概衔接即可，不用精确对齐。

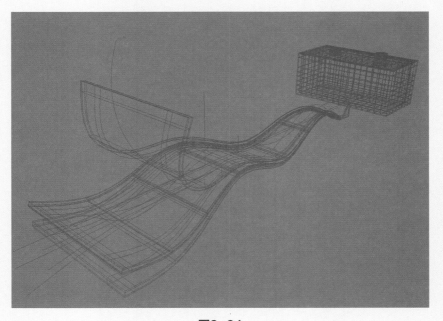

图9-64

第9章 综合实例

步骤16：为电池结构和延伸出来的膜材料分别赋予不同的材质，简单渲染的效果如图9-65所示。

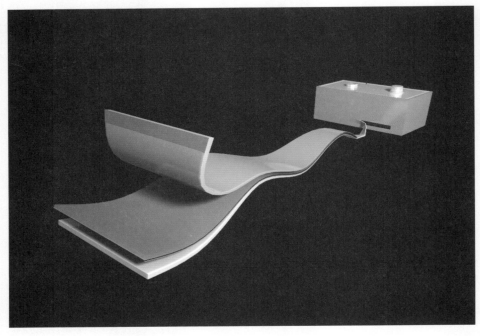

图9-65

步骤17：用线条放样的方式为电池制作中间夹层结构，复制多根线条制作碳管复合层，并且为其增加波浪效果，如图9-66所示。

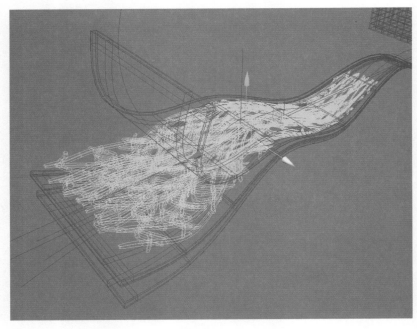

图9-66

步骤18：为碳管和电池结构选择合适的渲染角度，将渲染之后的图像导入PSP的画布中，如图9-67所示。

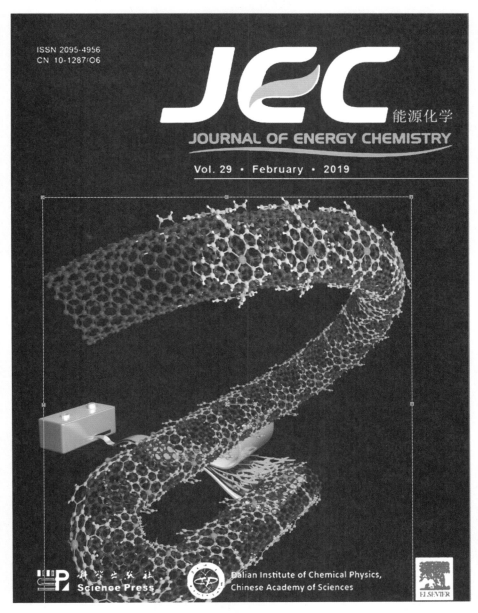

图9-67

步骤19：图像中要表达的是从电池中延伸出多层次的复合结构，再将单独的一根纤维延伸到镜头前，使分子结构主动呈现出来。现在画布上的碳管结构需要与后面的电池纤维膜接起来，这就要在图像合成过程中增加衔接效果，尤其需要处理碳管的尾部。

步骤20：选中"滴管"工具 ，吸取碳纤维的绿色，用笔刷在画布上绘制一条延伸的绿色曲线，如图9-68所示。

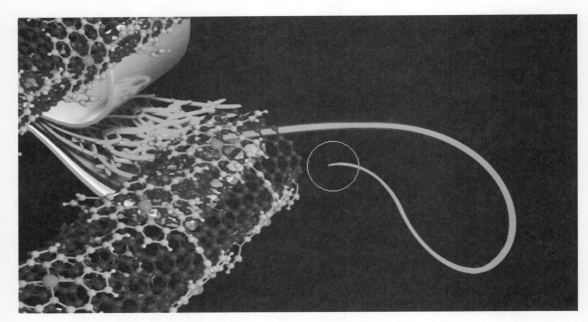

图9-68

步骤21：选择"变形笔刷"工具✓，将笔刷强度值降至50，笔刷大小值增至200，对碳管尾部进行调整，如图9-69所示。

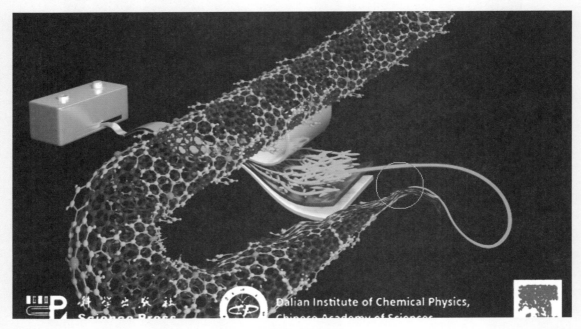

图9-69

步骤22：绿色在黑色背景上的反差效果强烈，但是纯黑色的画布空间感不好，整体感觉太平，需要为图像增加背景色，如图9-70所示。

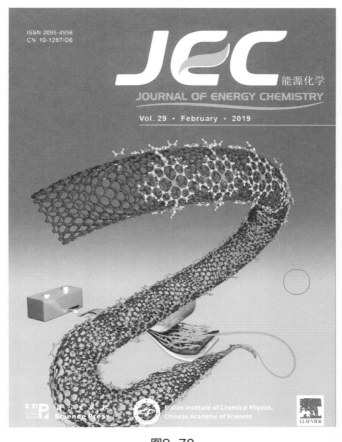

图9-70

步骤23：用灰色笔刷分别为电池结构和纤维结构增加阴影效果，如图9-71所示。

图9-71

步骤24：用"笔刷"工具在画面上绘制几片叶子，如图9-72所示。

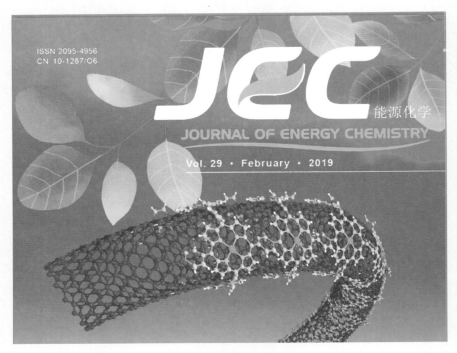

图9-72

步骤25：将叶片结组，并将透明度值降至20，若有若无的感觉比直白的叶片更有意境，如图9-73所示。

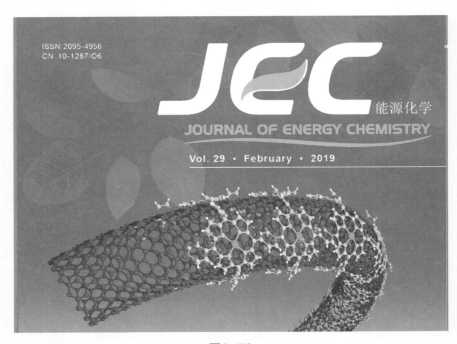

图9-73

步骤26： 渲染碳管头部展开状态的分子结构后，将图片单独调入画布，如图9-74所示。

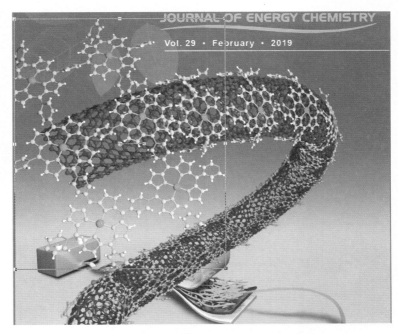

图9-74

步骤27： 将画布上每个元素调整好位置后，再进行细节调整。选择背景上的电池结构，执行"调整"|"模糊"|"高斯模糊"命令，为背景增加模糊效果，如图9-75所示。

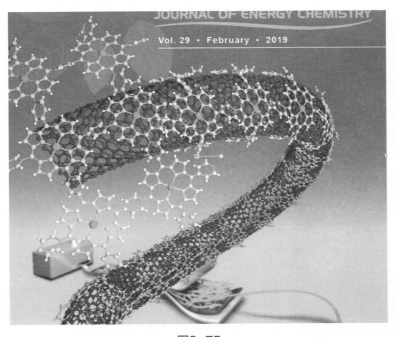

图9-75

步骤28：执行"调整"丨"色相与饱和度"丨"色相/饱和度/明度"命令，尝试改变画面配色，寻找更好的配色效果，如图9–76所示。

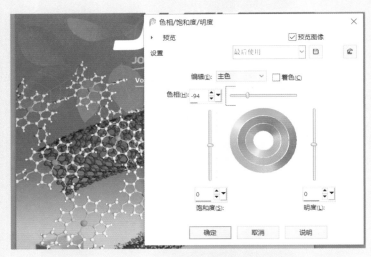

图9–76

步骤29：仔细调整碳管与纤维的衔接处，使其更流畅、自然，最终完成的画面效果如图9–77所示。

图9–77

9.4 新冠病毒项目设计

设计项目分析： 该项目讲述了利用一种合成蛋白在新冠病毒进入细胞之前，攻击消灭它，起到消除病毒保护人体健康组织的作用。

软件技术分析： 生物类结构看似复杂，但在制作过程中通过基础图形的组合与变化，可以逐步实现最终的画面效果。

步骤1： 在场景中用多边形基本体创建3组模型，如图9-78所示。

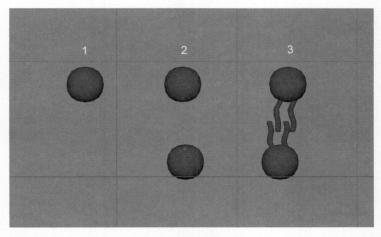

图9-78

步骤2： 用第1组模型复制大量相同的对象，得到堆积的效果；复制第2组模型，在靠近前景的位置堆积几排；复制第3组模型，在最前面一排堆积，效果如图9-79所示。

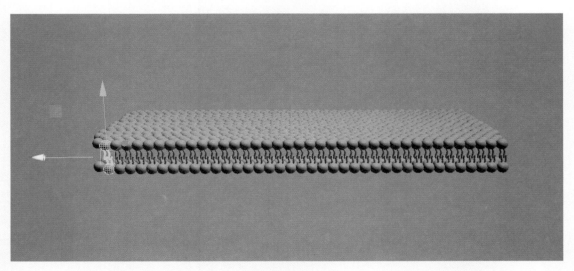

图9-79

按照科学的原理，细胞膜的磷脂双分子层是遍布整个膜结构的，但是在图像制作过程中，尤其是在三维结构复制数量越多，面数越多，软件计算量越大的情况下，为系统增加负担会导致计算机工作效率越来越低，因此，在需要大量复制对象的情况下，需要使用节省计算量的方式排布对象。在前景能看清楚的膜结构上制作完整的磷脂双分子结构，靠近内部的只能看到表面小球，再远一点的内部结构会被其他对象遮挡，只能看到外部结构，所以只需要做最外层的小球。

步骤3：复制完成之后，框选所有模型并结组，执行"变形"|"晶格"命令，为模型组添加"晶格"变形器，如图9-80所示。在控制参数中增加顶面的细分数，以便对模型组进行更细微的调整。

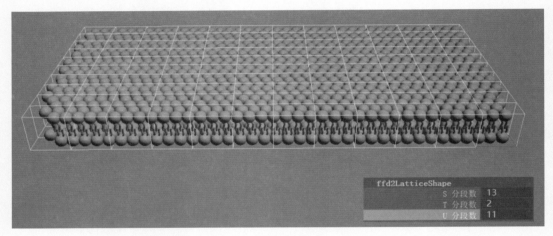

图9-80

步骤4：选择晶格网络，并在晶格上右键，在弹出的快捷菜单中选择"晶格点"选项，可以显示出模型在编辑时的玫红色调整点，如图9-81所示。

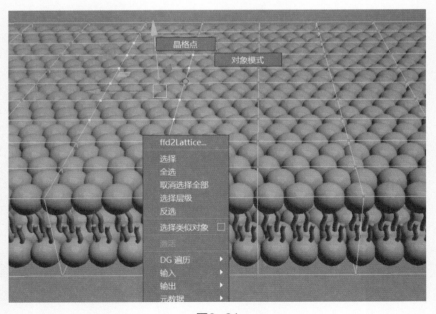

图9-81

步骤5： 在"建模工具包"中选中"软选择"复选框，调整晶格点，为磷脂双分子层创建起伏效果，如图9-82所示。

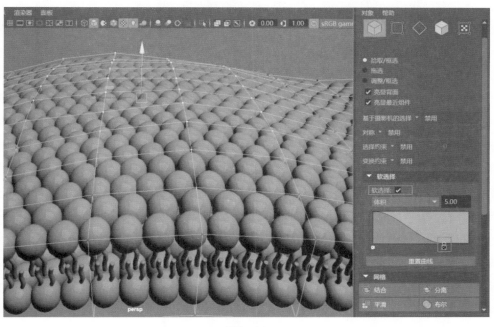

图9-82

步骤6： 调整好细胞膜的起伏效果后，为膜表面增加几个通道蛋白，如图9-83所示。

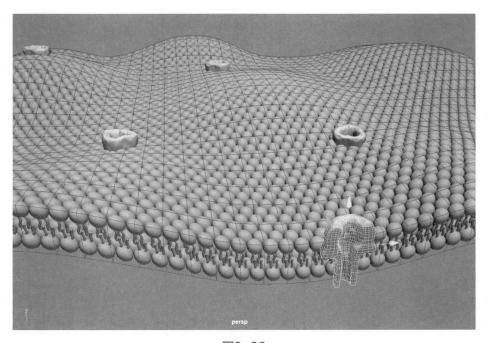

图9-83

步骤7：将完成的细胞膜部分调整好角度和灯光并渲染图像，效果如图9-84所示。

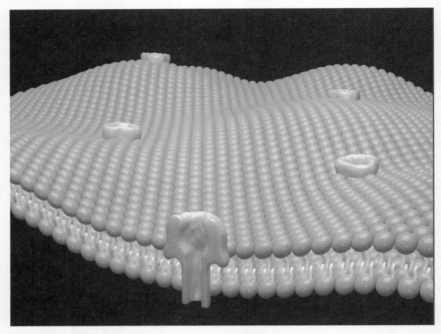

图9-84

步骤8：将完成的结构放入图层中，导入蛋白质模拟软件中生成的蛋白模型，并为模型赋予材质，如图9-85所示。

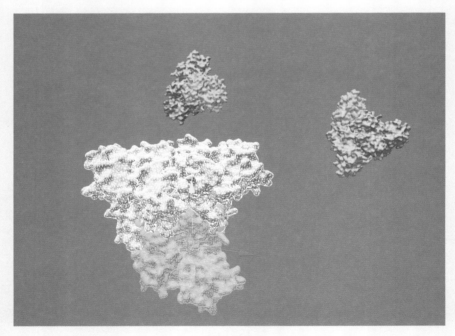

图9-85

科技绘图科研论文图·论文配图设计与创作自学手册：Maya+PSP篇

蛋白结构在合成图像时再加入会更容易控制，在此复制3组蛋白结构，并旋转不同的角度，以便合成时看起来更自然。

步骤9： 执行"创建"｜"多边形基本体"｜"圆柱体"命令，创建圆柱，将"轴向细分数"值设置为3，如图9-86所示。

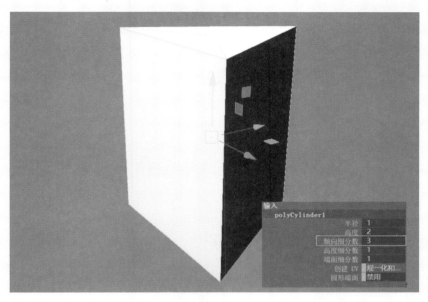

图9-86

步骤10： 切换到"边选择"状态，选中顶部3条边线并删掉，将顶部变成一个完整的面，如图9-87所示。

图9-87

步骤11： 选中几个侧面并单击"挤出"按钮 🔲，通过挤出操作制作病毒冠蛋白的聚合体效果。在悬浮窗中将"保持面的连续性"选项禁用，并拖曳垂直于面的轴向，如图9-88所示。

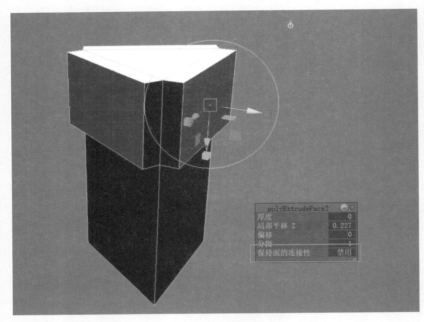

图9-88

步骤12： 多执行几次"挤出"操作，在每次挤出时可以适当调整尺寸，以便产生一定的变化，如图9-89所示。

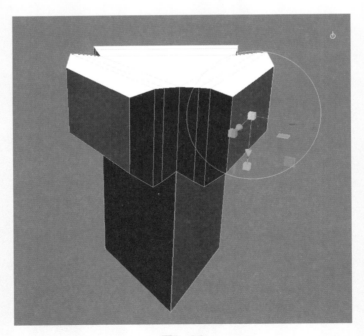

图9-89

步骤13： 回到对象选择状态，单击"平滑"按钮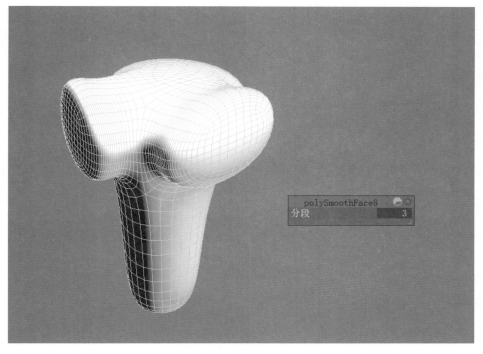，并调整"分段"值为3，如图9-90所示。

图9-90

步骤14： 执行"网格工具"｜"雕刻工具"｜"雕刻工具"命令，调用雕刻笔刷，在临时工具图标上双击，调出"工具设置"对话框，调整笔刷"大小"和"强度"参数值，如图9-91所示。

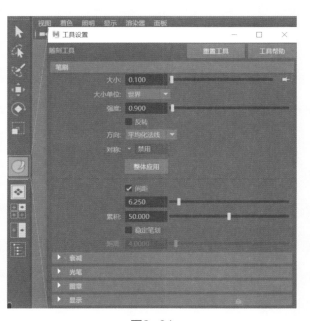

图9-91

步骤15: 在结构上刷出蛋白的起伏感，可以一边刷一边调整笔刷参数，如图9-92所示。

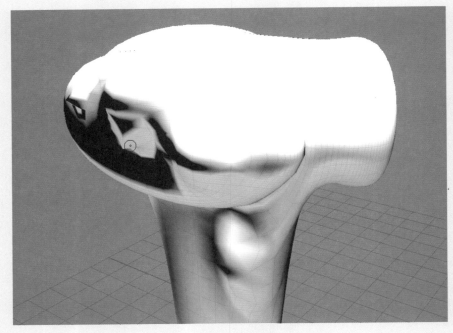

图9-92

步骤16: 用笔刷雕刻好突触结构后，在场景中创建标准球体，调整突触和球体之间的比例关系，并按D键调整突触结构的中心枢轴位置，如图9-93所示。

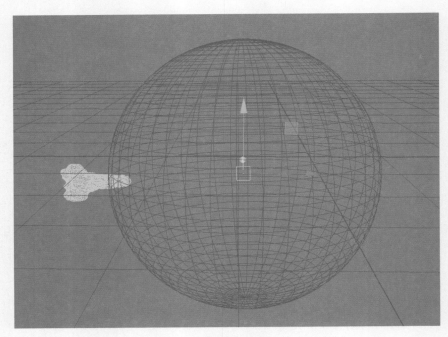

图9-93

步骤17： 在球体周围旋转并复制，让突触布满球体，如图9-94所示。

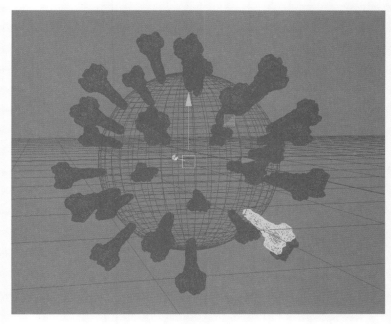

图9-94

步骤18： 为球体和突触分别赋予材质，渲染病毒的效果如图9-95所示。

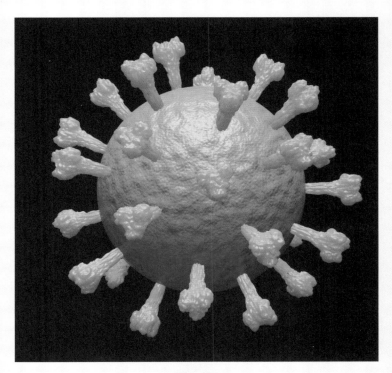

图9-95

步骤19： 将渲染好的细胞膜、病毒、蛋白一起调入PSP，如图9-96所示。

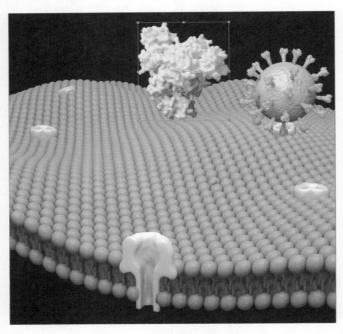

图9-96

步骤20： 复制病毒并在画面上做出病毒准备通过通道进入细胞的效果，调整好蛋白要攻击的位置，如图9-97所示。

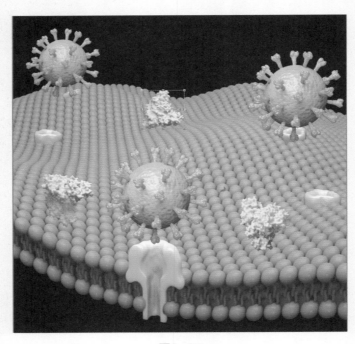

图9-97

步骤21：在制作期刊封面图时，画面一定要配合期刊模板，否则画面构图很容易失去平衡。为当前画面增加模板，效果如图9-98所示。

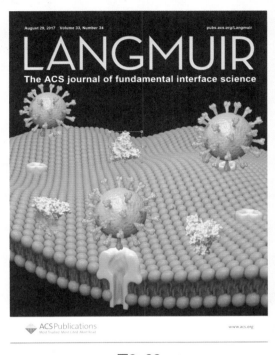

图9-98

步骤22：选择靠后的病毒，在图层区创建图层蒙板，如图9-99所示。图层蒙板可以在不改变原图的情况下，将图像删减或削弱。要营造病毒进入通道的感觉，病毒的突触应位于通道内部，而不是在通道外部。

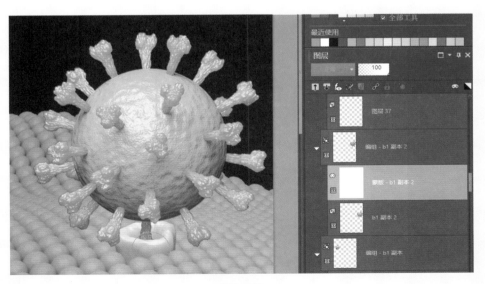

图9-99

步骤23： 前景的病毒用来阐述场景的主体，在这个病毒上需要做出更多的细节。先将主体病毒适当放大，用蒙板制作几个破损的效果，如图9-100所示。

图9-100

步骤24： 用"手绘选区"工具选择病毒突触，如图9-101所示，框选之后在图层上右击，在弹出的快捷菜单中选择"转换选区成图层"命令，用笔刷在断口上绘制断口结构，让画面有断开的组织内部的感觉。

图9-101

科技绘图科研论文图.论文配图设计与创作自学手册：Maya+PSP 篇

步骤25:用笔刷在断口周围绘制喷溅的效果，再为断掉的结构绘制裂痕线，如图9-102所示。

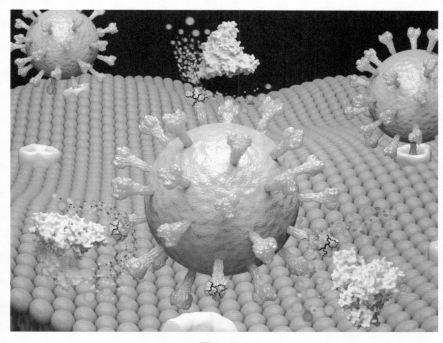

图9-102

步骤26：要强化蛋白的主动性和攻击性，为蛋白增加一些运动的拖尾效果，如图9-103所示。

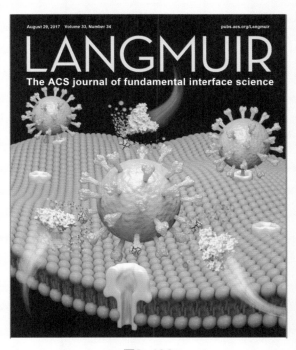

图9-103

第9章 综合实例

步骤27：复制几个病毒球，为病毒增加高斯模糊效果，将病毒调整为不同的大小和透明度，并分布在画面背景中，让画面的色彩和空间感更丰富，最终效果如图9-104所示。

图9-104

9.5 材料合成项目设计

设计项目分析：该项目讲述 3D 打印交联墨水的变化过程，要突出不同材料的内部构造差异，以及材料不断更新升级的优势。为了避免画面上元素离散，重点不聚焦，计划用传送带来贯穿材料的逐级层进效果，围绕主干线讲述，分别增补放大结构作为细节补充。

软件技术分析：材料是没有生命的机械结构，在前面讲述模型时，也提到过在微观领域材料堆积的特性，本例中对于已经捻熟于心的模型挤出变形功能不再重复讲述，只复习巩固曲线放样和曲线路径对画面的作用。

步骤1：生活中经常见到各种样式的传送带，传送带在画面中虽然是衬托主体材料的，但它是隐藏在背后的场景基调的基础。先找几张传送带的参考图，将脑海中的记忆碎片组合起来，如图9-105所示。

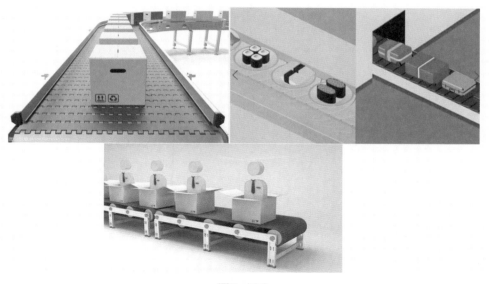

图9-105

步骤2：根据参考图中传送带的特征，结合当前图像中要表现的主题，在场景中准备几种基础材料，如图9-106所示，它们分别用于做传送带基底、传送带履带和扶手，此处用前文讲述的方法自行制作出来。

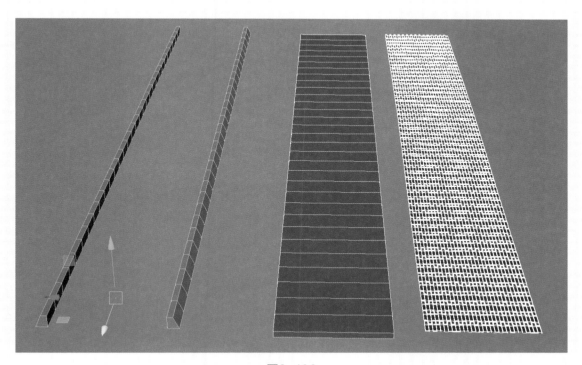

图9-106

步骤3：将视图切换到顶视图，执行"创建"|"NURBS基本体"|"圆形"命令，在顶视图中绘制标准圆形，在"通道盒"中将"扫描"值改为90，如图9-107所示。

图9-107

步骤4： 单击"曲线"|"延伸"|"延伸曲线"命令后面的小方块图标▣，弹出"延伸曲线选项"对话框，如图9-108所示。调用"延伸曲线"命令是希望基于标准圆弧来制作工整而平直的曲线段，避免手绘线段不整齐。在"延伸曲线选项"对话框中，选中"延伸以下位置的曲线"选项区中的"二者"单选按钮，即在曲线首尾两端都会延伸，将"距离"值设置为5.0000，最后单击"应用"按钮。

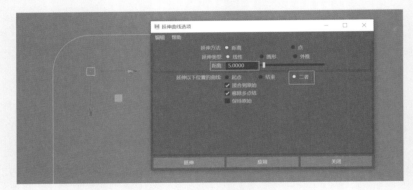

图9-108

步骤5： 将软件切换到"动画"模块，选中基底模型，再选中曲线，注意选择顺序，如图9-109所示。

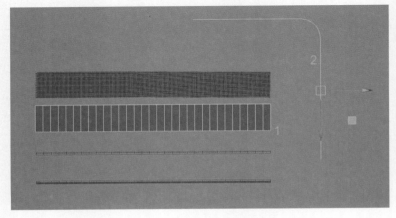

图9-109

步骤6：在"动画"模式下，单击"约束"|"运动路径"|"连接到运动路径"命令的小方块图标▣，弹出"连接到运动路径选项"对话框，并按照如图9-110所示进行设置，单击"应用"按钮。

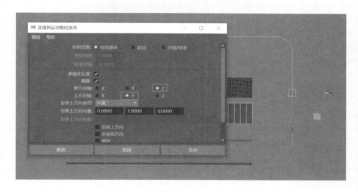

图9-110

步骤7：单击"约束"|"运动路径"|"流动路径对象"命令的小方块图标▣，弹出"流动路径对象选项"对话框，并按照如图9-111所示进行设置，单击"应用"按钮。采用相同的方法处理扶手和履带对象。

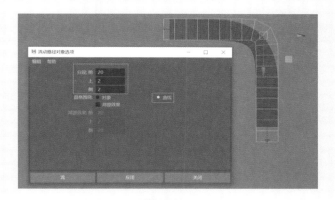

图9-111

步骤8：用多边形基本体组合生成传送带的支撑柱。为支撑柱赋予基础材质，在这个设计中不需要太强的金属质感，只在Specular展卷栏中增加了Roughness和IOR值，如图9-112所示。

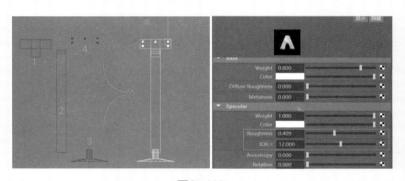

图9-112

步骤9：为场景增加灯光，简单渲染场景，效果如图9-113所示。

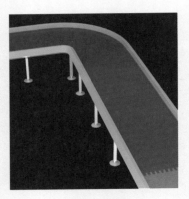

图9-113

步骤10：执行"创建"|"NURBS多边形"|"圆形"命令，创建圆形曲线，重复之前的曲线操作制作3D打印材料，这次的圆形曲线保留180°半圆形，如图9-114所示。

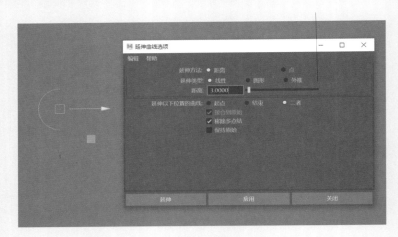

图9-114

步骤11：调整参数生成符合需求的曲线后，复制一份，将复制的曲线"缩放X"值改为负值，从而反转曲线，如图9-115所示。

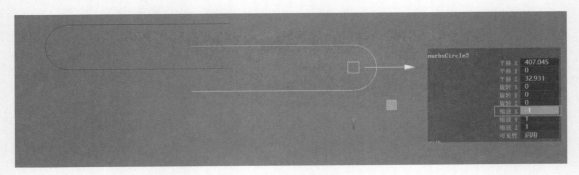

图9-115

步骤12：调整复制曲线的位置，将两条曲线端点靠近，选中两条曲线，并执行"曲线"|"对齐"命令，将两条曲线的端点对齐，如图9-116所示。

图9-116

步骤13：保持两条曲线同时选中的状态，执行"曲线"|"附加"命令，获得合并后的曲线，如图9-117所示。

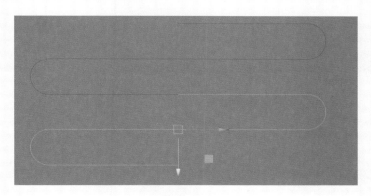

图9-117

步骤14：对复制曲线重复之前的合并操作，得到材料表面的缠绕效果。创建圆形曲线，并将其选中，再选中合并之后的整体曲线段，执行"曲面"|"挤出"命令，将"挤出"修改器的模式设置为"多边形"，得到如图9-118所示的效果。

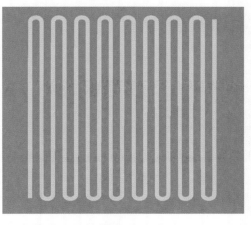

图9-118

步骤15：将复制的多层结构重叠后，执行"网格"|"结合"命令，将模型合并为一个整体结构，并放置在传送带上，如图9-119所示。

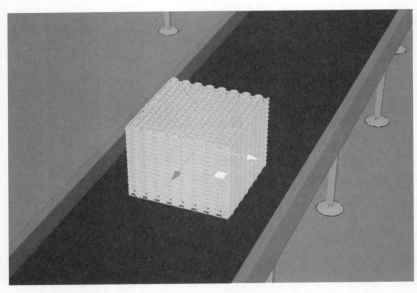

图9-119

步骤16：在传送带上放置两块结构，并赋予不同的材质。为了让材料有莹润通透感，在模型的属性编辑器中选中Opaque复选框，如图9-120所示。

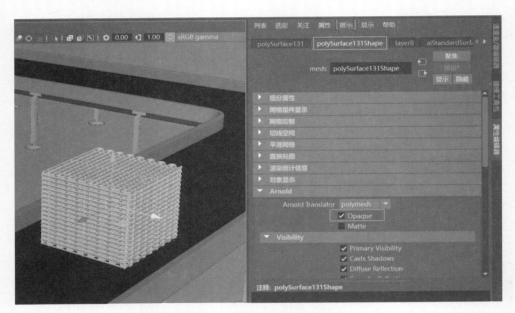

图9-120

步骤17：为场景中增加一个巨大的基底板来充当地面，再导入两个烧杯模型，渲染场景，效果如图9-121所示。

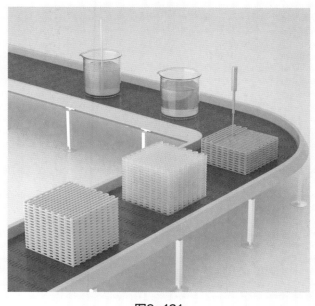

图9-121

步骤18：此时，该图在Maya软件中的操作基本完成，为了在画面中融入更多的信息，还需要为图像增加一些细节。将渲染之后的图像调入PSP中，如图9-122所示。

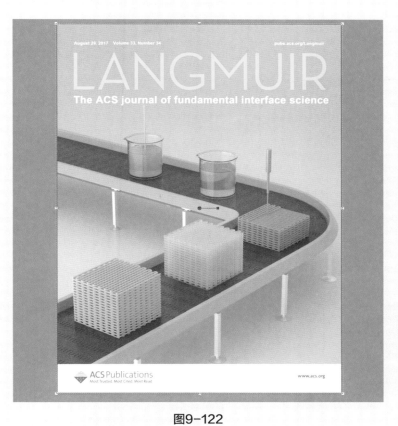

图9-122

步骤19：创建矢量图层，在图中增加箭头效果，如图9-123所示。

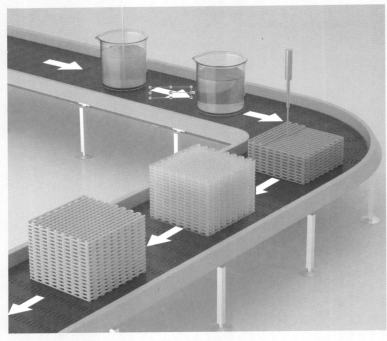

图9-123

步骤20：将几种材料对应的微观结构加入画布，并摆放到对应的位置，如图9-124所示。

图9-124

步骤21： 将微观结构编组，并增加不可见蒙板。用"圆形索套"工具在蒙板上绘制正圆，用"油漆桶"工具填充纯黑色后，仅选中的圆形填充区域内的结构可见，如图9-125所示。

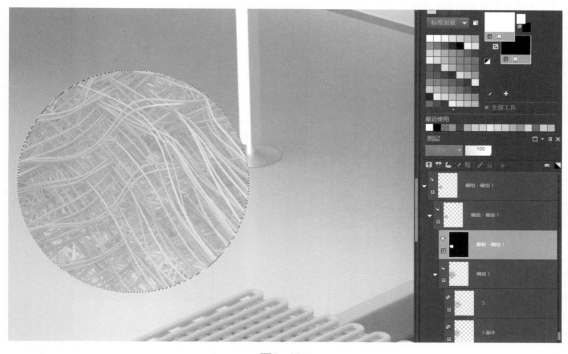

图9-125

步骤22： 对其他微观结构采用相同的方法处理，如图9-126所示。

图9-126

步骤23：新建矢量图层，用"钢笔"工具 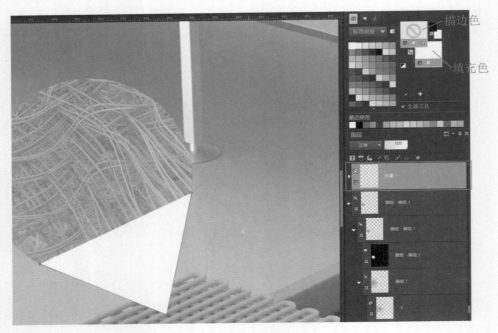 绘制三角形，如图9-127所示。

图9-127

步骤24：为矢量图层增加蒙板，在图层蒙板上绘制半透明区域，如图9-128所示。

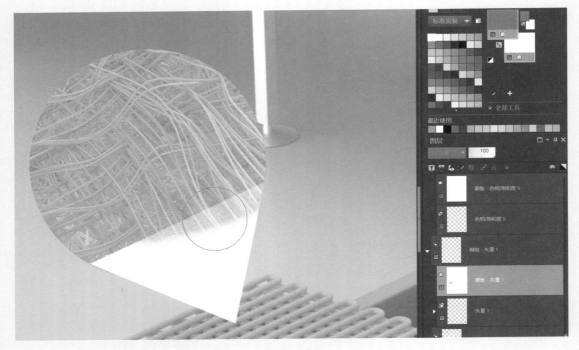

图9-128

在蒙板图层中，由白色到黑色表示透明程度，黑色为完全透明，白色为完全不透明，将填充色调整为不同程度的灰色时，可以营造出不同透明度的效果，设置好透明度后用笔刷在要制造透明的区域晕染，让放大区域逐级过渡。

步骤25： 为"烧杯"中的搅拌棒增加示意的小箭头，在第二个烧杯中加入浸泡在溶液里的材料。这张图看似主体结构都是在Maya中制作渲染的，但是PSP的合成处理让画面上的逻辑关系更紧密，画面给出的科学信息更加完善、丰富，最终完成效果如图9-129所示。

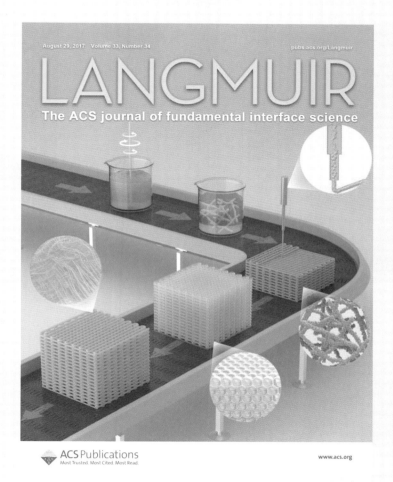

图9-129

9.6 生物细胞项目设计

设计项目分析： 生物方面的研究有大量针对细胞的项目设计，前面新冠病毒项目的关注点在病毒与细胞、病毒与药物之间的攻击和防御，关系性很强，画面表达起来很容易聚焦。但是在生物领域也有一些针对基因的深层次理论性研究，在不同细胞之间没有那么强的刺激性，甚至关联性。本项目讲述了针对几种细胞的基因领域研究，在画面中需要将几种细胞之间的位置关系处理好，既不能混为一谈，又不能太过于割裂。

软件技术分析：细胞可以用基本体构建，但是不能完全只用基本体，自然界微生物的结构不会太标准，标准的圆形会失去生物结构的柔和性，对大量细胞堆积或者并排组合时也需要稍加变化，不能像材料类那样直接复制。材质的制作要考虑生物领域结构的特质，不要用太强的高光，避免让表面有塑料感，可以多一点漫反射的参与，采用相对柔和的灯光环境。

步骤1：执行"创建"|"多边形基本体"|"立方体"命令，创建2个立方体，将其中一个的高度调整到原来高度的4倍，另一个维持不变。为两个基本体在高度方面增加细分值，如图9-130所示。

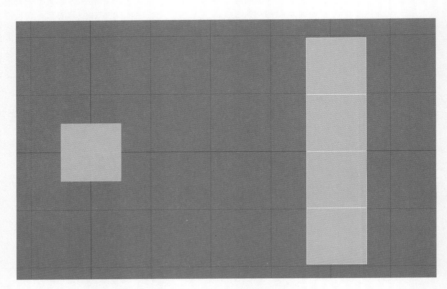

图9-130

步骤2：切换到点编辑模式，在较高的结构顶点位置稍作调整，如图9-131所示。

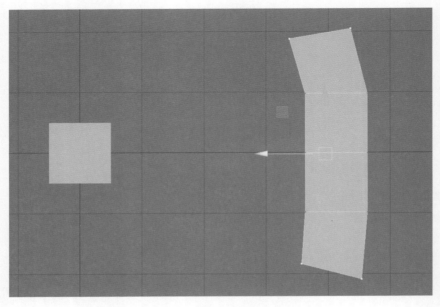

图9-131

步骤3: 执行"网格"|"平滑"命令，分别为两个立方体增加平滑细分数，设置"分段"值为3，如图9-132所示。

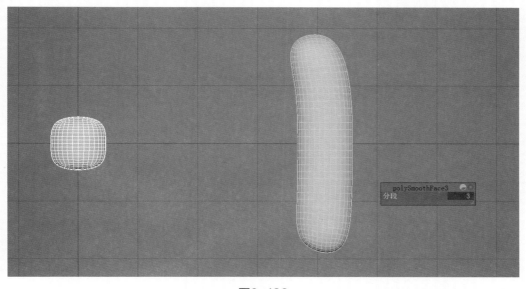

图9-132

步骤4: 复制当前结构，调整成成对的染色体形态，如图9-133所示。

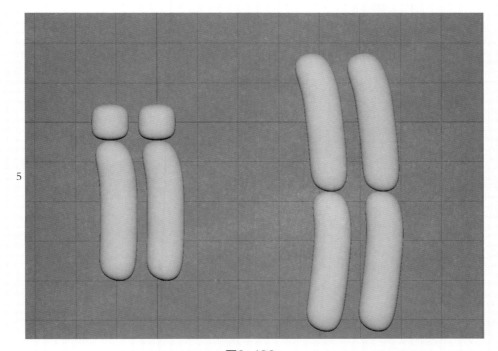

图9-133

步骤5: 此时对照比例关系相似即可，删除复制的结构，回到最开始一长一短的状态。执行"网格工

具"|"雕刻工具"|"雕刻工具"命令，调出雕刻笔刷，为结构"刷"上起伏的纹理，如图9-134所示。

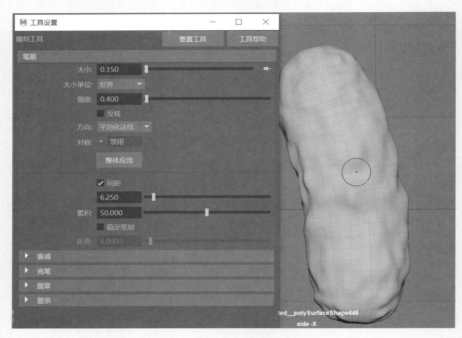

图9-134

步骤6： 重新复制并排布好染色体的形态，为染色体赋予基础材质，如图9-135所示。

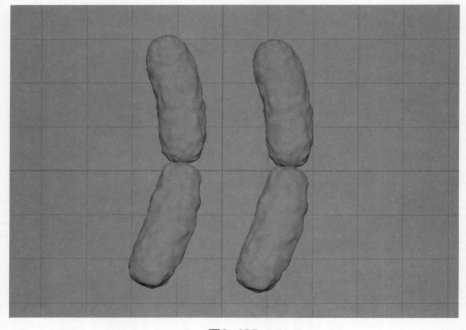

图9-135

步骤7: 同样采用立方体平滑的方式制作细胞与细胞核，如图9-136所示。此处不直接用球体结构制作，是因为球体表面布线不均匀，用雕刻笔刷"刷"纹理的时候会不太好控制均匀程度。

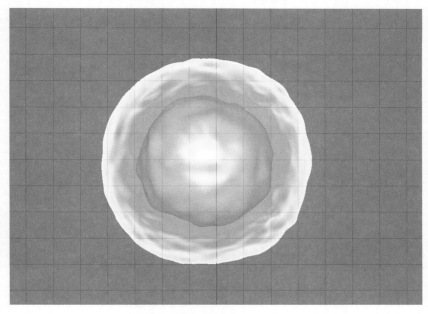

图9-136

步骤8: 梭形细胞也采用同样的制作方法。使用立方体制作好球型细胞后，将细胞与细胞核编组，执行"变形"|"晶格"命令，为细胞表面添加"晶格"变形器，如图9-137所示。

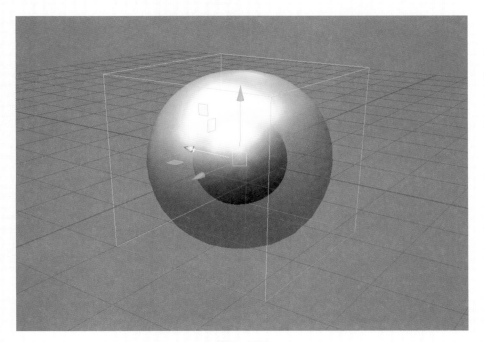

图9-137

步骤9：将晶格纵向数量增加到5，并调整晶格点，如图9-138所示。

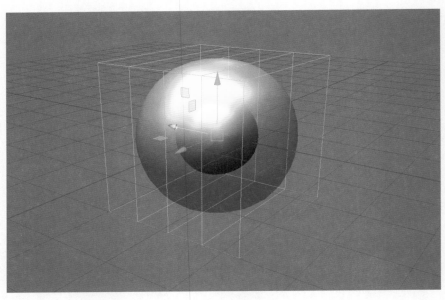

图9-138

步骤10：在晶格结构上右击，在弹出的快捷菜单中选择"晶格点"选项，将晶格结构切换到点编辑状态，将场景视图切换到侧视图，单击并拖曳晶格点，调整整个结构的形态，如图9-139所示。

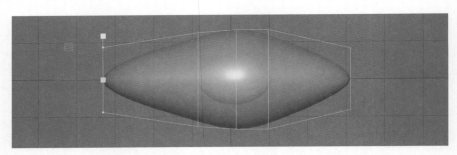

图9-139

步骤11：复制调整后的梭形细胞并排列好位置，如图9-140所示，选中其中两个用雕刻工具调整过，用来表现特征性的细胞。排布的梭形细胞要比实际用的细胞稍微多一些，以便用来处理衔接。

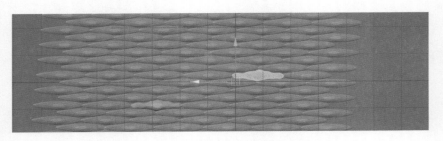

图9-140

步骤12： 采用同样的方法处理大面积的间皮细胞，注意两个间皮细胞之间相互错开的状态，需要适当调整模型的锚点，在开始时不要给结构太高的细分度，如图9-141所示。

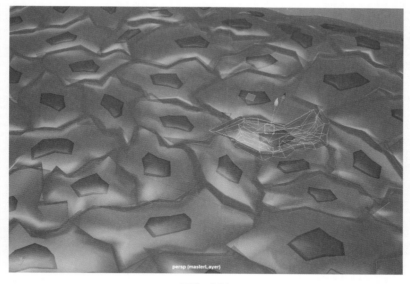

图9-141

步骤13： 将渲染好的结构图像导入PSP画布，如图9-142所示。

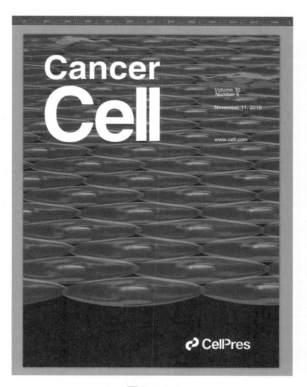

图9-142

步骤14： 新建蒙板图层，将间皮细胞下半部分处理成消隐状态，如图9-143所示。

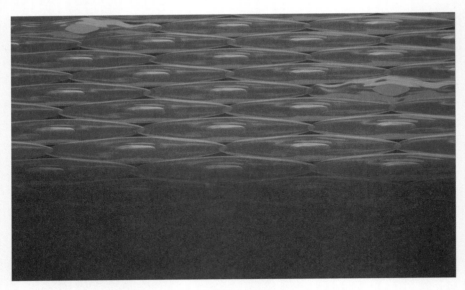

图9-143

步骤15： 调入其他元素，按照元素之间的相对关系调整位置，将画面中间的空间留给主题的关注点——染色体，如图9-144所示。

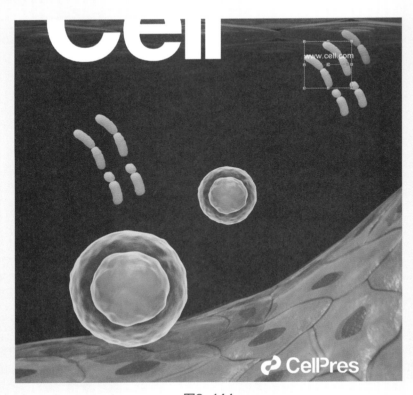

图9-144

步骤16： 复制圆形细胞，执行"调整"|"色相与饱和度"|"色相/饱和度/明度"命令，改变其中一个细胞的颜色，如图9-145所示。当质地属性相同仅色相不同时，在图像合成过程中调整比回到Maya中调整渲染要简单得多。

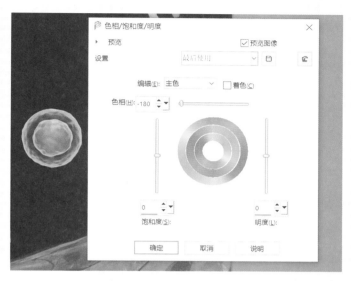

图9-145

步骤17： 将调色之后的细胞摆放好位置，复制其他细胞，并在空间中调整排布，如图9-146所示。

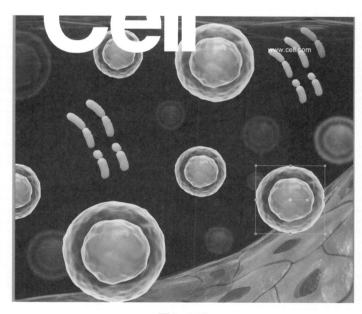

图9-146

步骤18： 染色体是针对细胞核中遗传物质进一步研究的层级，与细胞不在同一个微观层级，将染色体与细胞混排会导致理解混乱，所以，需要为染色体增加放大框和放大线，这样图像中的逻辑关系会更清晰，如图9-147所示。

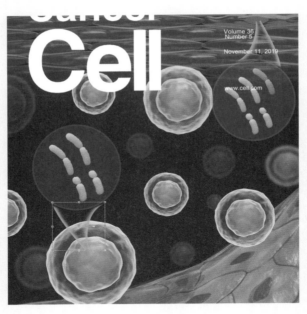

图9-147

步骤19：将细胞图层编组，在"图层"面板中选中校色图层，如图9-148所示。校色图层可以生成调整图层，同时调整整个编组中的所有元素。

步骤20：为画面中间增加一点雾状的背景色，拉开画面的空间感，如图9-149所示。

图9-148

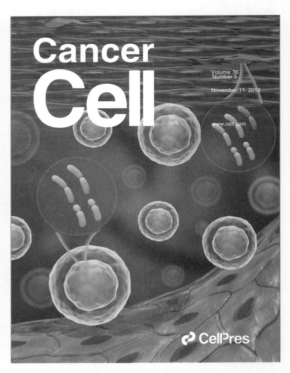

图9-149

步骤21：纵观画面全图效果，细胞仍然比染色体抢眼，需要弱化细胞的效果，分流在细胞上的注意力。在顶部梭形细胞中有挑选出来的细胞，在底部的间皮细胞中也选择一个细胞，可以让注意点汇聚，如图9-150所示。

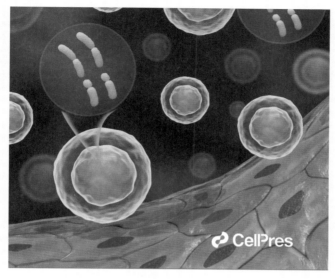

图9-150

步骤22：为染色体增加图层效果，在图层上双击，调出"图层内容"对话框，在其中选中"外发光"和"内发光"复选框，并调整参数，如图9-151所示。

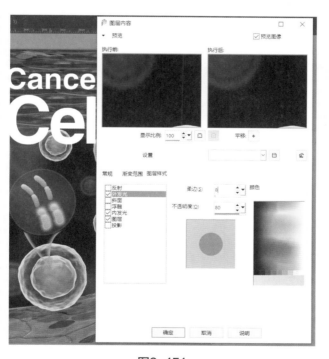

图9-151

步骤23：为染色体及染色体的放大效果增加相应的效果，使画面上的放大信息表现力增强，调整完成后，用调整图层为整个图像调整不同的配色效果，并选择比较好的配色方式，完成所有操作，如图9-152所示。

图9-152